精 實

用小實驗玩出大事業

創 業

The Lean Startup

How Today's Entrepreneurs Use Continuous Innovation to Create Radically Successful Businesses

艾瑞克・萊斯
Eric Ries

目錄

十二　創新　313

在初創事業成長的過程中，創業家有機會建立一個懂得如何在滿足現有顧客需求與尋找新顧客、管理現有業務與發掘新事業模式的挑戰間取得平衡的企業。

・貧乏卻穩固的資源　・發展事業的獨立自由權　・在成果中分享屬於個人的戰利品

結語——節流　335

對於最初的願景，我們應該盡快測試它，而不是捨棄它；我們應該追求杜絕浪費，而不是建造高不可攀的品質標準，應該利用敏捷法來達成，並在現有的事業結果上做突破。

推薦序一

精實之美——小小之序

詹偉雄 學學文創志業副董事長

多年前，我所服務的雜誌《數位時代》曾定期做全國民意調查，以追蹤台灣社會數位工具普及的變化。其中有一題的回答，至今仍記憶深刻，問卷題目依稀記得是：「如果當下要你在『創業』和『上班』之間做抉擇，你會選擇哪一個？」如果我沒記錯的話——連續兩年，百分之八十的受訪者回答：「創業」。

台灣社會中的成年人高度渴望創業，不是孤立的現象，大多數人說「yes」，其實是社會的主流價值已經肯定「創業」是個正面的行為，而且大家在生活周遭，確實見證了無數白手起家的創業故事，「有圖有真相」，這樣的「說yes」才變得果敢且毫不猶豫。

和其他亞洲國家比較起來，在台灣創業，確實比較容易，日本與韓國都是出了名的困難，這兩個社會中，巨型企業林立，而且社會價值並不鼓勵創業，畢竟「創業」就是對舊的價值、結構帶來大小不一的破壞；中國看似百花齊放，但那裡縱橫阡陌的「潛規則」，彰顯的還是創業家個人背後的舊集體網絡，創業者往往是「代理人」而已。

過去四十年，台灣發展出一種特殊的中小企業出口模式，並且透過上中下游的群聚網絡，結合成有威力的OEM到ODM的產業供應鏈，反映的就是這種「小老闆」打群架的美妙社會關係。在中小企業中，每家公司老闆都有高度的自由，因而彈性大、變化多、速度快，如果不是「小老闆」能立馬當家作主，供應鏈上的創新就不會如此效率。

正因如此，這本《精實創業》，便宛如美國矽谷與台灣創業家之間的私房秘語，其他社會裡的人，很難理解其中的奧妙所在。

顧名思義，「精實創業」也可稱為「不浪費的創業」，如果積極一點看，它是另一種「全員補位」的創業。這兩種特質，反映的都是創業者和其團隊對某種「改變世界」願景的追求渴望，或者是全力搏鬥「高度不確定風險」的一種兢兢業業的心靈狀態。也就是此類切身的「緊張」，所以大家對環境中的事物、顧客的反應、生產線上的細節敏感異常、事事追究、時時改善，這和大企業裡的公事公辦、蕭規曹隨、冷漠無感有重大差別。

然而，「緊張」雖是必要，但卻不能成為組織成員的每日實踐，「管理」的意義便是將無處不在的緊張，整編成一套相互連結的工作工序，並且透過檢核點的控管，來讓組織裡的人們恢復大半時間的平靜。

換句話說：透過管理——在這本書中，作者強調的是「開發—評估—學習」間的循環——人們知道：「我們現正每分每秒都在創新，但也亦步亦趨地控制著風險」；而「風險控管」的最高境界，就是如何判斷「軸轉」——承認這段努力失敗，重新開始找出路。

雖然在台灣創業比較容易，但可想而知，台灣的創業失敗率一定很高，百分之八十創業人的社會或多或少也會是個「創業過剩」的社會，有很多人推出了市場上不需要的商品或服務，在這樣的場景中，這本《精實創業》的意義就更非凡了，它督促你更謹慎地檢視自己的夢想、更謙卑地面對顧客、更資源警覺地做事——透過建立一套簡單的管理制度。

成功，不只是賺到錢，還在於履行了比較進步的價值，不是嗎？

推薦序二

為黑暗中徘徊的創業者，點亮了火光

劉奕成　悠遊卡股份有限公司董事長

離開台灣一陣子之後回到台灣，一待就是十年。這十年中，有些東西好像咻一聲突然從台灣社會消失，像是信心，尤其是對政府的信心；像是消費力，尤其是原本被認為最具消費力的年輕人；像是工作機會，尤其是薪水誘人發展又有前景的工作機會；像是這個，像是那個。消失中的，也包括創業家跟創業家精神。

十幾二十年前，我的周圍充滿了創業家，每隔一段時間，就會有朋友同事出頭創業，有開了半導體設計公司的、雜誌社、公關公司、個人設計工作室。但是回國後的十年，創業這件事像是憑空消失。我的周遭沒有人創業，也鮮少有人談起創業的事情。

直到最近，又開始嗅到創業的氣息，這次比較適合稱為「微創業」，多半規模較小、腳步稍顯凌亂，而且看起來很有自信卻對環境沒有信心。最大的問題是：十年斷層，讓他們不像以前的創業家一樣，可以找到很多創業前輩來請益，無論是創業成功的，或是失敗的。

我常常跟這些微創業家天南地北的閒聊，他們也客氣的詢問我對於創業的意見。坦白說，有時候我回答得很心虛，因為我不算創業過。長期一直在金融界，雖然因此看了很多創業的過程，甚至於跟著創立了幾家公司，但是我不是核心團隊，我也跟著幾部電影從無到有，但是也不是唯一的主角。

這時候，我常常想：如果有一本關於創業的書就好了。因緣際會，我看到了這一本《精實創業》。我最常被問到關於創業的很多問題，艾瑞克．萊斯的這本書中，都有深入淺出的回答。

我常常在想：真實世界中，創業的成功率到底有多少？比率應該遠低於敢於放手一搏的創業家的想像，但是遠高於我們這種有創業念頭，但是沒有付諸實現的凡人的想像。有了這本書，不但可以提高我們對於創業成功可能性的想像，也可以提高真實創業的成功率。

我周圍的朋友，很多都對目前的工作感覺到沮喪，很多都覺得創業多半失敗，於是從來沒有勇氣去嘗試。但是有了這本書的「小實驗」方法，我們應該不會再像以前一樣懼怕失敗，因為失敗的後果，會相對較能控制，創業家也比較能從失敗中昂然站起。很多人怯於創業，是因為畏懼創業失敗的後果，但是有更好的創業方法，就比較能預測可能的成功與失敗，也比較有勇氣創業，甚至再創業。（Be prepared for the worst. Get ready for the next.）

我常在思考：單憑創業家少數幾個人天馬行空的想像真的能滿足一般大眾所盼望的嗎？創業家往往躊躇滿志的覺得，單憑一己之力就可以創造出人人愛用的產品；於是很多創業家，於是在事業草創時期就投入大量的時間與心血，追求好品質，推出好產品，結果乏人問津，浪擲了許多資源最後卻落的一場空。完美的計畫結果不完美，因為在這個產業變化速度飛快的時

代，他們忘了仔細聆聽消費者的聲音，誤以為自己認知的顧客需求可以反映現實

其實有更多時候，消費者在沒看到產品前，也不清楚自己真正想要的是什麼，就像十年前應該沒人知道智慧型手機會變成主流。創業家精神如熊熊烈火，往往讓創業家忘了一個工作團隊的想像力有限，忘了手中資金終將用罄，忘了（或者壓根沒想過）創業的目的在於永續經營，不應該是一場豪賭。大部分人事物皆非天生完美，都必須依靠不斷優化才能漸入佳境，「精實創業」的方式，對於創業者來說，是個可以降低風險的好方向。如果你心中正好有個成就大事業的好點子，不妨參考這本書的建議，精實的運用手中的資源，玩個小實驗。

創業者的第二個挑戰，在於當遇到困境時，到底是要改變（書中稱為「軸轉」）？還是要堅持既有的方向？

很多創業者認為，改變方向就是認輸，就是投降，因而鮮少考慮「軸轉」的可能，這本書中，花了相當的篇幅討論何時應該考慮「軸轉」的可能，如何進行，幫陷於黑暗中徘徊的創業者，點亮了火光。

這本書的英文版以及中文譯稿，現在就靜靜躺在我的床頭。我不會矯情的說，如果二十年有這本書，我就會創業云云。但是這本書的確鼓舞了我，去見更多的創業團隊，聽他們說什麼，也考慮捲起袖子跟他們一起幹活；我也認真考慮，自己出來搞搞新意思。每當我這樣想，這本書彷彿在我的床頭，散發著微弱的光。

推薦序三

這樣也行？

蕭上農（fOx） inside共同創辦人

二〇〇一年從大學畢業之後，我走向與所學「合作經濟」完全沒有相關的道路，首先進了遊戲產業，爾後更在因緣際會下轉入網路公司，直到二年前的創業之路。

但在之前的工作期間，陸陸續續學習一些自己覺得有趣的事，套句說笑的，現在可以稱為「微創業」，比如說自己學習簡單的架站、線上社群操作、SEO等等，不管工作或閒暇也常會去接觸網路圈有趣的朋友，並大量的閱讀網路上相關的文章，回頭看起來，其實這些還真是蠻宅的行為。

但這些過往的經歷，就好像已故蘋果CEO賈伯斯在二〇〇五年於史丹佛畢業典禮演講所說的一樣：「……我在大學時，是不可能預見這些點點滴滴會如何串連起來。不過，事經十年，當我再回顧過去，一切就變得非常非常清楚了。」

過往的這些經歷，慢慢的都點滴成串，我在過去認識的朋友，一一成為我的網路創業伙伴，協助很多我無法理解的技術細節；我過去工作的經歷及「微創業」的過程，都成為過去二年創業期間最好的助力。

有時候，也許會思考自己是不是太晚創業，太晚來經歷過這一切，但旋即思考，如果沒有近年來Facebook的成功、美國雲端技術的發展、智慧型手機的崛起以及台灣某個時間點科技資訊的缺乏，那就不會有現在的我，當下立即醒悟，最對的時候，就是現在。

很湊巧的，進入職場剛好是二〇〇〇年網路泡沫之後，感覺似乎是隨著這個時間走來，過去的十幾年來，雖然不乏有網路IPO、併購的案例、不缺網路大老級人士，但較之美國、中國大陸等地區，感覺台灣網路市場一直處於一個窒息狀態，雖然台灣也有許多創投與天使投資者，但過去電子製造業走向的環境，但面臨台灣網路產業投資，卻似乎一直在苦手的狀態。

自二〇〇九年底因為 App 經濟崛起，網路、軟體創業相關議題在台灣慢慢被炒熱，可以看到有許多新血、熟面孔都加入這一次的創業風潮，但也可以觀察到人才與經驗的相對缺乏，包含我自己與大部份的朋友都仍在嘗試與錯誤的階段。

而《精實創業》一書裡的許多例子與概念，都可協助我輩減少走些冤枉路的過程，比如說一般想像中，我們必需把產品做到盡善盡美才能夠上線（Shipping），但精實創業提出最小可行性產品（MVP）概念，在產品上線前不需力臻完美，比如作者提到一個受到使用者極度喜愛的遊戲人物「瞬移」功能，就只是因為時間與資源不足，無法做到像一般遊戲的普通走路功能，所推出的「極簡功能」，原本以為會被玩家們給指責，卻出乎意料的大受歡迎。

相同的概念拿來在筆者自己「iCook 愛料理」食譜分享社群的開發上，我們只花了不到兩個月開發完成，網站只有分享食譜、閱讀食譜兩大部份，沒有琳瑯滿目的各式食譜分類、沒有許多國外食譜社群常見的功能；在上線後沒多久，就開始販售食材商品，只有前台提供給消費者看到的購買流程是順暢的，但後台的數據報表等，幾乎都需要人工手動提供給供貨廠商，甚至我們沒有自動列印發票功能，都由筆者自己手動開立數百張發票。

我們證明的就是，每個月已有數十萬人願意使用我們的服務、也有人願意信任我們，一次購買數千元的商品，這就是ＭＶＰ的概念。

書中還有更多類似令人會驚奇的說：「這樣也行？」的案例與觀念，在此相當推薦給創業的朋友們，也更期待有更多朋友在看過本書並融會貫通之後，擁有自己的經驗與心法，並分享給更多朋友知道！

前言

人人都是創業家

精實創業運動追求的是，提供那些渴望創造劃時代產品的人，一套足以改變世界的工具。

如果你覺得以下這段描述耳熟能詳，你可以省略不看：一群大學資優生正坐在學校宿舍裡創造人類的未來，他們擁有滿腹最新的科技知識和滿腔的青春熱血，在完全沒有框架的限制下，一點一滴地建立起一家嶄新的公司。他們踏出了成功的第一步，也籌募到創投資金，一個劃時代的新產品就這樣在市場上誕生了。他們僱用自己的朋友組成一支超級巨星團隊，沒有什麼阻止得了他們的雄心壯志。

這就是十年前初次創業的我，還沒經歷過數次創業失敗的我。回首過往，有一幕我至今難忘，就在那一刻我知道我的公司沒希望了。當時，網路公司的榮景已經泡沫化，我和我的創業夥伴不但不知道公司該如何走下去，更慘的是錢也用完了。我們想盡辦法籌錢，可是一毛錢也籌不到。那一幕如同好萊塢電影裡情侶分手的場景一般，天下著大雨，我們在馬路上大吵，連接下來要往哪裡走都吵，最後倆人憤而朝兩個不同的方向拂袖而去，而我們的公司也正如大雨洪水中漂流的浮木，最後不知所終。

這是一個痛苦的回憶，那家公司後來雖然又苟延殘喘了幾個月，但是早就已經沒救了。回想創業之初，我們做的每件事都那麼順理成章：一個超酷的產品、一個超強的團隊、一項無敵的技術和一個超棒的點子，完全結合了天時、地利、人和，而且，就如同之前提到的，我們真的想要有一番作為。我們想要建立一個系統，可以讓大學生在網路上提供自行開發的產品與企業主分享。但是壞就壞在，除了點子之外，我們壓根就沒想過我們需要一套將這個點子轉化為一家成功企業的流程，公司失敗的命運早在成立的第一天就已經註定了。

從未經歷過這種失敗的人，是無法體會這種痛苦的，那種感覺就像整個世界在你的腳下崩裂，你覺得你上當了：雜誌上登的那些故事都是騙人的，努力不懈、勤奮工作並不會帶來成功。更要命的是，你向你的員工、朋友、家人所做的一大堆承諾，永遠都不可能實現了，而那些當初勸你不要做傻事的人，這下都成了最有遠見的智者。

事情不應該是這樣的。雜誌、報紙、電影和數不盡的部落格裡，成功創業家說的真言不都是：「透過堅持、才華、好時機，還有——最重要的——一個好產品，你們也可以和我一樣功成名就而且致富。」

我懷疑有人努力製造這樣的迷思蠱惑大眾，在我看來那些成功創業的故事都不是真的，這是我在經歷過事實的真相後得到的心得。在與數以百計的創業人士合作過後，我親身驗證了好的開始走向失敗的機率：事實是，大部分的創業都是以失敗告終，大部分的產品都是不成功的，大部分的創投事業都無法發揮他們的潛力。

但是，努力不懈、創意天才、苦幹實幹的新例還是不斷地出現，為什麼這樣的故事總能抓住人心？我認為是因為現代一夕之間由貧致富的故事，對大眾而言仍十分具有吸引力，這些故事讓人覺得，只要有對的東西，成功是垂手可得的，至於過程中那些瑣碎的細節、無聊的枝節和微不足道的個人選項，彷彿無關緊要，只要我們做得出好產品，其他東西自然就會出現。一旦失敗了，大部分的人也都已經準備好一套制式的理由來解釋，包括：「我們的產品不夠好，我們不夠有遠見，或我們沒有天時、地利、人和的運氣。」

在創業道路上打滾十年後，我已經不再有上述的想法，我從我及他人的成功與失敗的經驗裡學到：那些你認為無聊的枝節才是最需要正視的。創業成功並非優良基因創造出來的，或恰好恭逢其時得到的結果，成功創業是可以經由正確的創業過程產生的，也就是說，成功創業是可以學習的，同時也是可以傳授的。

創業是一門管理的學問。不要懷疑，你沒聽錯。事實上，人們對**創業**（entrepreneurship）和**管理**（management）二詞有著極為分歧的認知。現實，前者被認為超酷、創新而且刺激，後者卻被視為無聊、嚴肅和乏味，我認為現在該是拋棄成見的時候了。

讓我告訴你另一個創業的故事。二〇〇四年，有一群人成立了一家新公司，在成立這家新公司之前，他們的舊公司才剛高調而慘烈地收場，他們的信用只能用一敗塗地來形容。這群人有一個非常偉大的願景：讓「替身」（Avatar）改變人類溝通的方式（請注意，這件事發生在詹姆斯・卡麥隆〔James Cameron〕拍出同名賣座電影《阿凡達》之前）。當時他們跟隨了一位非常有遠見的人，名叫威爾・哈維（Will Harvey），他勾勒出一幅非常吸引人的景象：人們使用「替身」在網路上與朋友們來往，在頻密的交往過程中仍可以安全地隱藏自己的真實身分。更棒的是，創造「替身」的公司不必親自製作「替身」數位生活中需要的服裝、傢俱、飾品等物品，而是徵召顧客製作這些東西，然後讓顧客們彼此進行交易。

這群創業家面對了一個技術上的空前大挑戰：創造虛擬世界、開關使用者提供內容的空間、網路購物引擎、小額付款流程，以及很重要的——可以在任何電腦上使用的「立體替身」技術。

不瞞你說，我也是這第二個故事中的一員，我不僅是這家名為IMVU公司的共同創辦人之一，也是它的首席科技長。創業以來，失敗對我而言已是家常便飯，見怪不怪，於是我和其他創辦人決定去放膽去嘗試一些新的錯誤。我們以所謂錯誤的方式進行所有的事：不像過去花數年的時間改良技術，我們這次只製作了一個最小可行產品（minimum viable product），一個問題一籮筐、而且保證讓你電腦當機的軟體。然後我們就把這樣的東西寄給顧客，更過分的是，我們還向顧客收錢。在爭取到一些固定客源後，我們開始以傳統的標準積極改良我們的產品，每天寄數十次產品的更新版給顧客。

公司成立初期的顧客都是一些很有遠見，而且非常能夠接受新事物的早期採用者，我們經常與他們聯繫，徵詢他們對產品的看法，不過，我們從來**不**採用他們的意見，我們只把他們的反應當做是對產品及公司整體前景的一個訊息來源。事實上，我們比較希望對顧客進行實驗，而非迎合他們的突發奇想。

以傳統企業經營的思維來看，我們的作法是萬萬行不通的，不管你相不相信，它真的奏效了。本書將探討這個我們以IMVU做實驗的經營模式，它已經發展成為全世界新一代創業風潮的基礎，這個經營模式建立在許多過去的經營與產品研發的理念上，包括精實製造（lean manufacturing）、設計思維、客群開發及敏捷軟體開發（agile development）等，它是一個帶動持續創新的全新經營方式，稱之為精實創業（the Lean Startup）。

姑且不論坊間有多少商業教戰手冊、商業領袖特質養成秘笈和下一個市場大趨勢的預測，擺在眼前的事實是，許多人仍不知道如何將他們的構想付諸實現，也正因為有這樣的挫敗，才迫使我們決定採用一個激進的方式經營IMVU，這個方式是因應產品週期愈來愈短的大環境而產生的，它著眼在顧客需求上（不須詢問顧客），是一個非常科學化的決策方式。

精實創業模式的由來

和很多人一樣，我生來就註定要當一名電腦程式設計師，可能是這個原因，我的創業與管理思維養成之路，走得和電腦主機板上的路徑一樣迂迴。我一直都在科技業的產品開發部門裡工作，我的搭檔和上司是公司裡的經理或行銷人員，我和其他同事則在工程部或營運部裡工作。在我的職業生涯中，我不斷重複一個經驗——費盡千辛萬苦開發出來的產品，最後都以失敗告終。

因為所學的關係，一開始，我把失敗的原因歸咎於技術問題，認為必須靠技術來解決，例如改良程式結構、改善工程運行過程、改變規則、研發重點、甚至產品願景等，得到的卻是更多的失敗。為此，我研讀各類科技資訊，還很幸運地得到了矽谷幾位頂尖人物的指導。直到IMVU成立後，我開始對新的創業方式產生了濃厚的興趣。

我很幸運能與一群勇於嘗試的創業夥伴一起工作，我們都受夠了傳統思維帶來的失敗，更幸運的是，我們居然爭取到史蒂夫．布蘭克（Steve Blank）成為公司的投資人與顧問。史蒂夫在二〇〇四年開始倡導一個新觀念：「初創公司應該視業務、行銷與技術、產品開發同等重要，因此，業務與行銷也需要有一套嚴格的法則依循」。他將這個法則稱之為客群開發。這個觀念對我日常的創業工作提供了許多見解與指導。

與此同時，我也採用了一些前述的反傳統方式來建立IMVU的產品開發部，這些方式與我所學的傳統產品開發方式相較，簡直毫無章法，但是我卻在第一時間內看到了它們的成效。我極力想要把這些方式介紹給新員工、新投資人和其他公司的創辦人，卻苦無共同的語言可以形容它們，也沒有明確的原則可以瞭解它們。

我開始轉向創業以外的領域尋找可以讓我的經驗合理化的思維，特別是許多現代企管理論的發源地——製造業。我讀到了一個源自日本豐田生產方式（Toyota Production System）的精實製造理論，它是製造實體商品的一股全新思維。我把這些概念稍做修改後，應用在我所使用的反傳統方式上，於是，一個可以將它們合理化的架構就開始成形了。

精實創業的概念於焉誕生：將精實思維應用在創新過程中。

IMVU無疑是一個大勝利，我們的客戶創造出超過六千萬個「替身」，公司二〇一一年的年收入超出了五千萬美元，位於加州山景城（Mountain View, California）總公司的員工人數也超過了一百人。當初不被看好的IMVU虛擬型錄，如今發展至擁有超過六百萬項的產品，平均每日增加超過七千項，而這些產品幾乎都是由客戶創造出來的。

IMVU的成功，讓我開始成為其他初創公司或創投業者討教的對象。但是當我在描述我的IMVU經驗時，我通常接收到的不外乎是茫然的眼神或是充滿懷疑的態度，最常聽到的反應是：「不可能！」我的這項經驗是如此地反傳統思維，大部分的人，甚至包括身在創意發源地矽谷的人們，都無法理解。

於是我決定把經驗訴諸文字。一開始，我在名為「**初創經驗談**」（Startup Lessons Learned）的部落格裡闡釋我的概念，接著我開始四處演講，不論是研討會，或到企業、初創公司、創投公司，只要有人願意聽，我就願意講。在辯護、解釋我的想法或集結其他作家、思想家和創業家遠見的過程裡，我同時也得到了修繕與發展精實創業基本理念的機會。在我身邊有太多資源浪費的情況：如初創業者開發一些沒有人要的產品、新產品才上市就下架、無數夢想最後成為泡影等，而自始至終我希望的只是找出能杜絕資源浪費的方法。

如今，精實創業的理念已然遍地開花，在全球發展成一股新的思維運動，創業家開始發起面對面的聚會，討論如何應用精實創業概念。全球目前有超過一百個城市擁有非常有組織的精實創業應用社群[1]。我橫跨了國界，甚至洲界，處處可見創業復興時代的訊號在閃耀。對渴求新創業構想的新一代創業人士而言，精實創業理念提供了他們一個有望晉身成功創業家之列的管道。

儘管我是高科技軟體創業人出身，精實創業應用的範圍遠遠超過了這個範疇。這個理念被數以千計的創業人士應用在所有你能想像的領域中，我不僅接觸過各種不同規模的公司、不同的產業、甚至還有政府部門。這個倡導精實創業的旅程，帶我去到從前我不認為我有機會去的地方，從世界上最頂尖的創投企業，到財富五百大企業的董事會議廳，甚至到美國國防部。最讓我緊張的一個會議，是向擔任美國陸軍首席資訊長的三星上將解釋精實創業原則的那一刻（我在此鄭重聲明，他非常能夠接受新思維，即便是由我這個小老百姓提出的想法）。

很快地，我便意識到我必須全職投入精實創業運動。我為自己訂下的任務是：「提高全球各地新產品的成功率。」這項任務的結果，正是你現在捧在手上閱讀的這本書。

---

1 請至http://lean-startup.meetup.com 或精實創業維基http://leanstartup.pbworks.com/Meetups查詢最新精實創業聚會一覽表或就近的聚會地點，亦可參閱第十四章〈加入精實創業運動〉。

精實創業法

本書是專為創業人士以及將重任交付給他們的人而著。本書將分成三大部分討論精實創業的五大法則，這五大法則是：

一、**人人都是創業家**——不是在車庫創立的事業才叫初創事業。在我的定義裡，所謂初創事業意指：一個由人組成、專門進行新產品或新服務的開發、未來發展具有高度不確定性的組織。因此，人人都可以是創業家，精實創業法適用於任何規模、領域或產業的公司，即使是一個超級企業體也可以應用精實創業法。

二、**創業即管理**——初創事業是一個團體，並非只是一項產品，因此，它需要一套能夠適合其強烈不確定性特質的全新管理方式。事實上，我認為所有仰賴創新擴展未來成長空間的企業，都應該將「創業家」當作公司內的一個職稱。

三、**驗證後的學習心得**——初創公司存在的意義並非僅僅為了製造新事物、賺錢或服務客戶，他們的存在是為了**學習**如何建立一個可永續經營的企業。透過不斷測試公司願景的每一個組成元素，這個學習過程是可以被科學化的。

四、「**開發—評估—學習**」——初創事業的基本工作就是將構想轉化成產品、測試顧客對產品的反應，進而瞭解公司發展方向是否該進行軸轉（pivot），抑或該堅持下去。成功的初創事業發展過程應該要能加速循環機制的運行。

五、**創新審核法**——為了提昇創業成效，也為了讓創新者能有所擔當，我們必須著眼在一些看似無聊的事情上，好比如何評估公司發展、如何設定里程碑、如何安排工作的優先順序等，要處理這些問題都需要一套針對初創事業而設的新式審核法。

初創事業失敗的原因

為何初創失敗的例子在我們身邊層出不窮呢？

第一個問題在於，人們往往會被一個完善的創業計畫、紮實的經營策略和看似聰明的市場調查所迷惑，因為在過去，這些條件通常是成功的指標。有太多人仍然熱衷將這些指標應用在現在的初創公司身上，這是行不通的，因為初創公司要面對的不確定性太高，他們不知道誰會是他們的顧客、誰會是他們的競爭對手，也不知道他們應該要設計何種產品。當我們的世界變得愈來愈難摸索，我們的未來也會愈來愈難預測。因此，舊有的管理方式勢必不適合用在新的任務上。必須要有長期、穩定的經營歷史與風平浪靜的環境這兩個先決條件，企劃與預測才有可能準確無誤，可惜這兩者初創事業都沒有。

第二個問題是，有些創業者和投資人眼見傳統管理方式解決不了問題，他們索性雙手一攤，加入「做了再說」(Just do it)學派。這個學派相信，如果管理是問題所在，混亂就是問題的答案。很不幸地，我以第一人證的身分告訴大家：第二條路一樣行不通。

分裂、創新又混亂的初創公司其實是有辦法管理的，說得更明確一點，它是**必須**被管理的，這個說法乍聽之下也許並不合理。大部分的人認為過程與管理是無聊乏味的，而創業則是令人興奮的，事實上，真正令人感到興奮的，是初創公司成功改變全世界的時候。人們在創業時投注的熱情、精力與遠見是如此珍貴，不容白白浪費，身為創業一族的我們，可以做得更好，也必須做得更好。本書就是要告訴你如何才能做得更好。

本書架構

本書分成三大部分：「願景」、「駕馭」、「加速」。

「願景」篇將介紹創業管理新法則，我將為創業家、初創事業等名詞下定義，並解說一個初創事業用來測量成效的新方法——驗證後的學習心得。我們將看到初創事業如何利用科學實驗方式，找出讓事業永續經營的秘訣。

「駕馭」篇將深入探討精實創業的細節，包括一個透過「開發—評估—學習」的回應循環機制決定的重大轉折點。本篇將由急須進行測試的「絕對信念」假設（leap-of-faith assumption）開始談起，你將學習到如何製作一個用來測試這些假設的最小可行產品、一個用來評估成效的創新審核系統，以及選擇軸轉（一足定於圓心轉動）或堅持原來方向的重要性。

「加速」篇將探討讓精實初創事業透過「開發—評估—學習」循環機制全力向前衝刺的技巧，即使初創事業成長成大企業時，仍然可以繼續使用這些技巧。我們也會在本篇中討論適用於初創事業的精實製造理念，例如小量生產的效力。還有企業結構設計、產品如何成長，以及如何將精實創業法應用到車庫以外的地方，例如全球名列前茅的大企業之中。

管理學的第二春

現代人擁有管理大型企業的技術，也深諳有形商品的製造之道，但是一牽扯到創業或創新就如同瞎子摸象。我們總是為了他人的願景而奮鬥，追隨在創造奇蹟的「偉人」身後，或把新產品反覆分析進死胡同，這些新問題都源自於二十世紀管理學的成功。

本書嘗試將創業與創新同放在嚴格的基礎上檢視。現在正是管理學第二春的開始，我們何其有幸能得到這個可以大展拳腳的機會。精實創業運動追求的是，提供那些渴望創造劃時代產品的人，一套足以改變世界的工具。

第一階段

願景

vision

一

起跑

傳統管理法在上個世紀創造的成就，帶給人們前所未有的豐富資訊，卻完全不適用於初創事業必須面對的混亂與不確定性。

創業式管理法

成立初創事業是一種成立組織的行為，因此，它必定會牽涉到管理。這個概念經常讓懷抱遠大志向的創業家們感到訝異，因為在他們的觀念裡，創業與管理二詞是毫不相干的。為了避免公司變成官僚體系或不小心扼殺了創意，創業家們在創業之初總是小心翼翼地執行著傳統管理方式。

數十年來，創業家們一直想辦法將其公司獨有的問題塞進傳統管理方式的框架中，到頭來不知所措，最後乾脆拋開所有的管理方式、過程和原則，「做了再說」。很不幸地，這種態度帶來的通常是災難，而非成功。我成立的第一家公司就是這樣失敗的。

傳統管理法在上個世紀創造的成就，帶給人們前所未有的豐富資訊，卻完全不適用於初創事業必須面對的混亂與不確定性。

* * *

我認為創業須要借助一套管理法則來把握難得的創業良機。

我們這個年代出現的創業家，比歷史上任何一個年代出現的都多，這都是因為全球經濟劇烈變化的緣故。我舉一個例子，我們經常聽到評論家在為美國二十年來製造業流失的工作機會哀聲嘆氣，卻很少聽到他們對製造力下滑的現象做出評論，那是因為儘管美國工作機會愈來愈少（圖一、圖二與圖三），製造業的總產量卻持續**向上攀升**（十年內增長了百分之十五）。實際上，拜現代管理方式與科技之賜出現的製造業高成長，已然為我們創造出遠超過實際需要的生產力[1]。

由於我們缺少一個創新事業適用的共通管理規範，我們正在大量浪費生產力。雖然如此，還是有人僥倖找到了一些致富的途徑，只是每一個成功故事背後都有太多不為人知的失敗：商品推出僅數週就被迫下架、被媒體盛讚的高調初創公司幾個月後就被人遺忘，以及沒有人問津的新產品。這些失敗的案例最讓人痛心之處，不僅是對

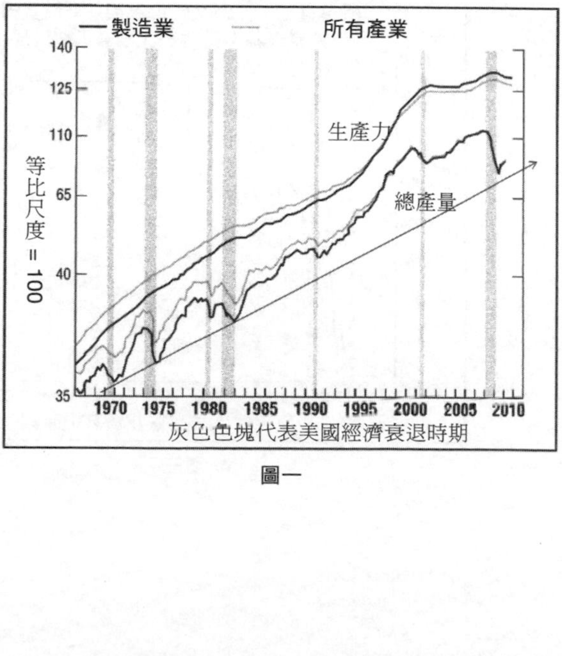

圖一

1 製造業統計數字取自部落格「五百三十八」（Five Thirty Eigh）：http://www.fivethirtyeight.com/2010/02/is-manufacturing-is-not-dead.html。

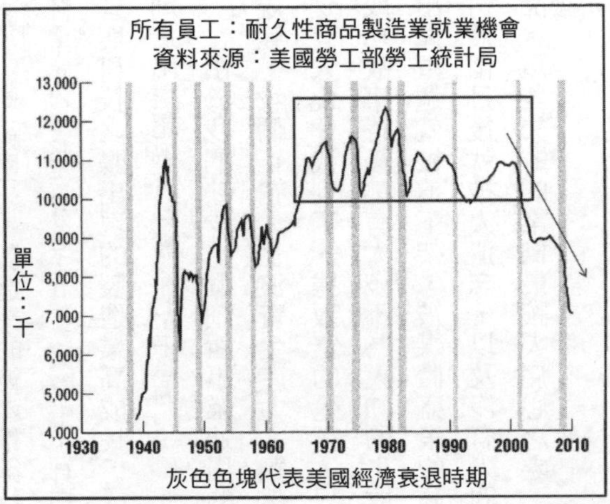
所有員工：耐久性商品製造業就業機會
資料來源：美國勞工部勞工統計局
單位：千
13,000
12,000
11,000
10,000
9,000
8,000
7,000
6,000
5,000
4,000
1930
1940
1950
1960
1970
1980
1990
2000
2010
灰色色塊代表美國經濟衰退時期

圖二

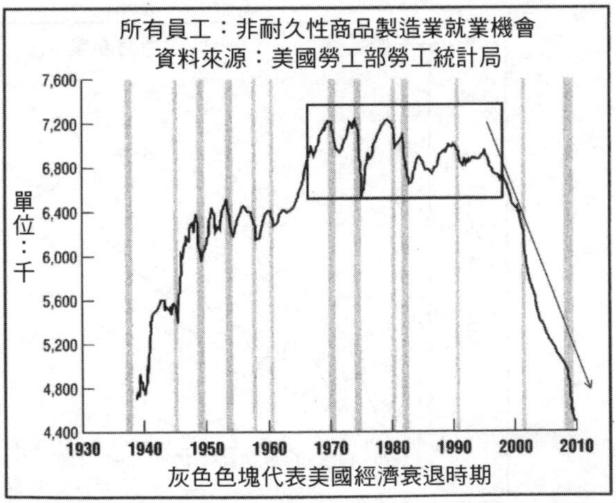
所有員工：非耐久性商品製造業就業機會
資料來源：美國勞工部勞工統計局
單位：千
7,600
7,200
6,800
6,400
6,000
5,600
5,200
4,800
4,400
1930
1940
1950
1960
1970
1980
1990
2000
2010
灰色色塊代表美國經濟衰退時期

圖三

僱員、企業、投資人帶來經濟損失，更造成文明社會中最珍貴資源——人類的時間、熱情與技能——的巨大浪費。精實創業運動希望能將防止這些失敗繼續發生。

精實創業的由來

精實創業一詞來自大野耐一（Taiichi Ohno）在豐田汽車公司提出的革命性主張——精實製造，也就是大家所熟知的豐田生產方式。這個主張徹底顛覆了全球製造業供應鏈與生產線的運作模式，它的主要原則為：讓每位員工充分貢獻所學並負起應負的責任、縮減每批工作的生產數量、在市場有需求時及時進行生產並控制庫存量，以及加快生產線循環的速度。它讓全世界瞭解到創造價值的活動與浪費資源的行為之間的差異，同時也傳授了如何由裏到外創造高品質的產品。

精實創業將這些理念略做修改後應用到創業的領域中，主張創業家應該要用不同於其他產業的標準去評估事業發展。製造業是以高品質有形商品的生產量作為評估標準，我們在第三章中會介紹，精實創業法使用的是一組不同的評估標準，稱為驗證後的學習心得。使用科學化的學習成果作為評估的標準，可以幫助創業家發現並解決資源浪費的惱人問題。

一個完整的創業理論應該對初創事業所有的功能職責做出全面性的探討，包括願景與理念、產品開發、行銷與業務、事業擴展、合資與通路、結構及組織規劃。它必須能提供初創事業一個可以在極度不確定未來的情況下，去評估公司發展的方法，它必須能明確地指導創業人士如何做出合適的交易決定、是否與何時在發展過程中加碼投資、如何制定計畫與興建公司基礎建設、何時該選擇獨資發展、何時該與人合資、何時該對意見做出回應、何時該堅定公司立場、如何與何時該進一步投資壯大事業。最重要的是，它必須讓創業者做出可接受檢驗的預測。

例如，有一項建議希望你組成跨功能工作團隊，並且要求團隊做到精實創業裡所謂的**學習里程碑**(learning milestones)所訂定的進度，而不要把公司依功能分成多個涇渭分明的部門(例如行銷部、業務部、科技部、人事部等)，員工只對自己專精的工作負責(詳見第七章)。你也許會欣然接受這項建議，又或者對這項建議抱持懷疑的態度，不論你是前者還是後者，一旦你決定執行這項措施，我可以告訴你，你的團隊很快就會向你反應他們覺得新制度降低了他們的生產力，然後要求公司回歸原來的工作模式——生產大批商品、工作在各部門間來回交接，他們才能「繼續有效率地」工作。

我之所以可以很篤定地做出這個預測，除了因為我看過太多相同的例子，還因為它其實是精實創業理論本身一個很直接的預測。對習慣在小範圍內評估自己生產力的人而言，能夠專心工作一整天完全不被干擾，代表那天的生產力很高，以我過去擔任程式設計師來說，那等於是八小時不間斷地在設計程式。相反地，倘若我的工作被別人的問題、工作流程或天殺的會議打斷了，我就會很有罪惡感。我當天究竟完成了什麼？程式代碼與產品功能對我而言是存在的事物，我看得到它們、瞭解它們，還可拿它們向同事吹噓。但是無形的學習只會讓人感到挫折。

精實創業要求大家開始用不同的角度去評估他們的生產力。由於初創事業經常意外製造出沒有人想要的產品，在這種情形下，工作是否準時完成、是否超出預算都已經不重要。初創事業的目標是要盡快發想出值得創造的產品——顧客想要而且願意付錢買的產品。換言之，精實創業是以全新的角度去看待創新產品的開發，它不但著重快速循環和顧客眼光，同時也擁有偉大的願景和強烈的企圖心。

＊＊＊

亨利．福特（Henry Ford）一直是一位備受推崇的成功創業家，事實上，企業管理的概念與福特汽車公司的歷史是一起成長的，因此我認為，福特汽車可以被視為初創事業的一個象徵。

汽車是利用兩個非常重要卻非常不同的循環機制來發動的，第一個循環機制深藏在汽車引擎裡。亨利．福特在成為首席執行長之前，是一位工程師，他花了無數的日夜在車庫推敲如何設計出精確的機械原理來轉動引擎內的汽缸。汽缸內的每一次爆炸都是為了提供轉動車輪的動力，同時也是為了繼續點燃下一次的爆炸，如果沒有精準抓好循環機制的運作時間點，引擎就會發出劈啪聲然後故障。

初創事業也有一個引擎，我稱之為**成長引擎**（engine of growth）。初創事業形形色色，要爭取的市場和顧客都不盡相同，玩具公司、顧問公司和製造工廠看起似乎沒有什麼共通之處，不過，他們都是使用同一種成長引擎在運作。

一項產品之所以會推出更新版、新功能、新行銷活動，都是為了要改良成長引擎。好比亨利．福特在車庫裡敲敲打打，他做的修改並非全都有助於機器的改良，產品開發也是一樣，會有突破的時候，也會有滯礙難行的時候。初創事業大部分的時間都是用來調整引擎，例如改善產品功能、行銷策略或營運方式等。

第二個循環機制存在於駕駛人與方向盤之間。由於這個循環機制是瞬間自動形成的，我們通常不會注意到它的存在，但是由於有駕駛這個動作，讓開車與其他交通運輸形式有所不同。如果你每天開車上下班，你大概已經對路線熟悉到可以讓雙手代替大腦把你送到公司，甚至可以邊睡邊開。但是，如果我要你閉起眼睛，將你如何把車開到公司的過程寫下來——不是路名，而是你開車時的每一個動作，像是手擺在方向盤上使力、腳踩在踏板上等——你會發現這是不可能的。當我們用慢速度去記憶駕駛動作時，會發現駕駛動作竟然如此複雜。

相反地，太空梭升空之前必先要有一個精細的計畫，太空梭發射時的每一次推進、燃燒、方向的變動，都必須完全依指示進行，否則，發射時些微的誤差將造成千萬哩之外的大災難。

很不幸，大部分初創事業的企劃書做得好像他們要發射太空梭，而不是開一部車，他們不僅事先擬好了詳細的執行步驟，還列出了各種可能的結果。然而誠如發射太空梭一樣，一旦有錯誤發生，就算再微小也將釀成無可挽回的後果。

我合作過的一家公司就不幸發生了這樣的狀況。當時，他們預估即將要推出的一項新產品可以吸引數百萬的顧客，於是便大張旗鼓地推出了產品，成功地執行了計畫。但是不幸的是，顧客並沒有如預期般蜂擁而至，更糟的是，為了要應付預期中可能擁入的人潮，該公司花了大把銀子興建大型的基礎建設，還招聘了大量員工及客服人員待命。對於顧客沒有如預期般出現，他們發表了一套說服自己的說法，表示他們事前沒有足夠的時間做調整。該公司非常成功、忠實而嚴格地執行了一套事後發現藏有致命錯誤的計畫，最後「大獲失敗」。

從另一方面來說，精實創業法可以教你如何「駕馭」一個初創事業。精實創業法不會根據一堆假設去擬定複雜的計畫，而是告訴我們如何利用一個稱為「**開發—評估—學習**」（Bulid-Measure-Learn）循環機制的方向盤，在發展過程中做經常性的調整。從中我們可以學習到公司方向何時須要轉彎，或是否已經到了一個須要轉彎的點，我稱這個轉彎的動作為**軸轉**，或者是否必須**堅守**（persevere）原來的道路。當創業的引擎開始強力運轉時，精實創業會告訴我們如何全速前進去擴展事業。

當你在駕車時，你通常會很清楚要前往的地方，如果你的目的地是公司，你不會因為道路改道或不小心轉錯了一個彎，就放棄去上班，你一定會想辦法讓自己到達目的地。

精實創業理念中也有一個所謂的正北方，一個心中的目標，即創造一個蓬勃發展並能改變世界的事業，我將此稱為初創事業的**願景**（vision）。要達到這個願景，初創事業必須有一個明確的**策略**（strategy），包含商業模式、產品指南、對合作夥伴與競爭對手的看法，以及可能的目標顧客。**產品**（product）則是執行策略後的最終成果（圖四）。

產品在優化的過程中會不斷地改變，我稱這個優化的過程為**調整引擎**（tuning the engine）。策略改變（軸轉）的機會較低，公司整體願景則很少會變動。創業家有責任監督他的初創事業經歷整個過程到達目的地，而過程中的每一次挫敗都是學習如何達成目標的機會（圖五）。

事實上，初創事業是行動的組合，其中有很多行動是同時進行的：轉動引擎是為了要爭取新客戶和服務現有客戶；進廠保養是為了改善產品、行銷與營運；駕車是為了決定是否及何時該改變發展方向或堅持原定立場。如何在這些行動中取得一個平衡，是創業要面對的挑戰。初創事業再小也會面臨鞏固現有客戶與著手創新的權衡問題，而即使再大的企業也須要進行創新事業的投資，以免被市場所淘汰。隨著公司的成長，組合中的行動也會有所不同。

＊＊＊

創業即管理。假設有一位大企業的主管，負責為公司開發一項新產品，如果一年後他向公司的財務長報告：「很抱歉我們沒能達到預訂的成長目標。事實上，我們的新客戶與總收入幾乎都沒有增加，但是，我們學到了很多東西，而且我們在新事業的發展上就要有所突破了，只要再花一年的時間，一定能看到成果。」通常，這大概是這位內部創業者最後一次向老闆做

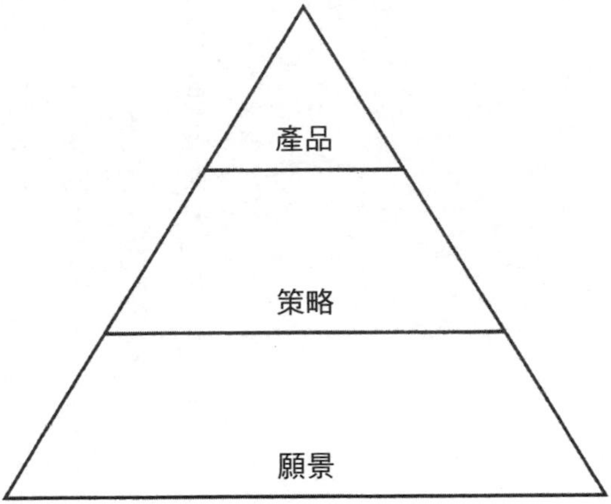

圖四

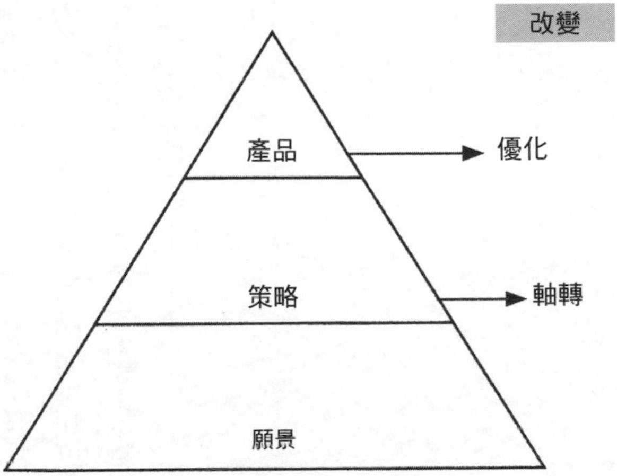

圖五

報告，因為，以一般管理法的角度來看，無法達成任務不外乎兩個原因：一、事前沒有好好規劃；二、計畫沒有好好執行。它們看起來似乎是明顯的缺失，卻是新經濟產品開發工作所需的助力，有了它們，產品開發工作才能更上一層樓。在精實創業運動裡，企業內部創業者也是創業家，創業管理法可以幫助他們達成目標，這就是下一章要探討的主題。

二

定義

到底誰才是創業家？

如果我是創業家，初創事業又是什麼？

到底誰才是創業家？

當我在世界各地倡導精實創業理念時，經常遇見一個出乎我意料的情景：台下坐著一些似乎不該出現的聽眾。照理說，出席這種場合的人，應該是所謂的「傳統」創業人士，但是卻出現了許多大企業裡負責推行新事業或新產品的總經理級人馬。這些人是企業政治的高手，他們擅於在公司內部成立盈虧自負（profit and loss statements, 簡稱 P&Ls）的獨立部門，同時還擁有力保備受爭議的團隊不受公司干涉的能力，更驚人的是，他們和我多年來共事過的創業家一樣，都非常具有前瞻性，他們可以預見所屬產業的未來，而且不懼風險，敢大膽追求創新的手法解決公司面臨的問題。

馬克，一家超級企業的經理，來聽了我一場精實創業的演講。他剛接手公司為前進二十一世紀網路時代所成立的新產品開發部門。他在演講結束後過來向我請益，一開始我給了他一些有關如何在大企業裡成立創新團隊的標準答案，他卻打斷我：「我已經讀過《創新者的困境》（*The Innovator's Dilemma*）[1]，這些我都明白。」他是公司裡的資深員工，而且是一名被看好、成功而稱職的經理，破壞性創新理論和公司內部政治都難不倒他。我早就該想到，他之所以有目前的成就，表示他具有足夠應付公司內部鬥爭、人事及執行任務的能力。

接著，我試著給他一些關於未來和非常棒的產品開發技術的建議，他又打斷我：「是，我知道，我對網路非常瞭解，而且我也已經想好公司應該如何應因網路時代，否則只有死路一條。」

馬克具備了創業必須的所有**先決條件**（prerequisites）：完善的團隊架構、人才、明確的願景、冒險精神。於是我問他為什麼來找我，他回答：「現在的情況就好像我們已經準備好所有生火的材料，火種、木柴、紙、火石，甚至有火星出現了，可是，為什麼就是生不出火？」原因在於馬克所讀的管理理論都把創新視為一個「黑盒子」，認為企業應該為內部初創團隊先設好一個架構。馬克發現他被**關在這個黑盒子裡**（inside the black box）工作，他需要有人引導他。

馬克欠缺的，是一個可以將創新的原物料轉化為真實成功產品的指導程序。團隊組成之後，他們要做些什麼？他們應該採取哪種過程進行創新？他們要如何達到特定成果里程碑的要求？這些正是精實創業理論要回答的問題。

我的看法是，馬克基本上和一個從車庫發跡的矽谷高科技企業創辦人沒什麼兩樣，他也是一位創業家。他需要精實創業原則的幫助，就如同其他傳統定義的創業家需要精實創業原則的

---

1 《創新者的困境》（*The Innovator's Dilemma*）是克雷登．克里斯坦森（Clayton Christensten）所著的經典文本，主要討論成熟企業進行破壞性創新所遭遇的困難。續作《創新者的解決之道》（*The Innovator's Solution*）則提出明確的建議，指導成熟企業如何建立致力初創事業般的創新工作的獨立部門。

幫助一樣。

在一個已經成立多年的大企業裡籌組創新部門的創業家，因其特殊環境因素，有時會被稱為「內部創業家」。在我將精實創業理念灌輸到各個不同領域和產業的生產過程中時，我發現，內部創業家和一般大眾所認知的創業家幾乎沒有什麼不同。因此，當我使用**創業家**（entrepreneur）一詞時，我指的是整體的初創生態系統，並不考慮公司規模、部門或發展階段等因素。

本書是為所有形態的創業人士撰寫的，從沒有什麼背景、卻有超酷點子的年輕夢想家，直到像馬克一樣，擁有大企業豐富工作經驗的前瞻者，以及把希望交付在他們身上的人們。

如果我是創業家，初創事業又是什麼？

精實創業是一套幫助創業人士提高創業成功機率的實踐法。為了讓大眾有明確的認知，我要在此為「初創事業」一詞下定義：

一個由人組成、專事新產品或新服務的開發、未來發展具有高度不確定性的機構，稱之為初創事業。

我意識到，這個定義最重要的部分其實在於它忽略不談的東西：它完全沒有提及公司規模、產業或經濟類別。只要是在強烈不確定未來發展的情況下，進行新產品或新事業開發工作的人，都可被稱為創業家，不論他們自己是否意識到，也不論他們是在政府部門、創投資金支持的公司、非謀利機構或擁有投資人的純謀利企業中服務。

讓我們把這個定義逐件拆開來研究：**機構**（institution）這個字眼帶有官僚、程序、甚至無趣的意味，它怎麼會和創業扯上關係？其實，成功的初創事業須要進行許多與建立機構有關的工作，例如招募有創意的員工、協調員工工作及創造一個能夠產生成果的企業文化。

人們總是看不見一個事實：初創事業不是只代表了一樣商品、一項突破性的科技或是一個聰明的點子而已，它遠遠大於它所有實際組成成份的總和，完完全全就是一個以人為本的事業體。

初創事業專門開發新產品或新服務，是定義中另一個主要的部分，也是其微妙之處。對於產品一詞，我偏向採用最廣義的定義，那就是：任何可迎合顧客需求的價值來源，都可稱之為產品。而顧客透過與公司互動獲得的經驗，也屬於該公司產品的一部分。不論是雜貨店、電子商務網站，甚至非謀利社服機構也好，他們都致力於提供顧客新的價值來源，也十分重視顧客使用產品後的觀感。

再來，用廣義的角度解釋**創新**（innovation）一詞也相當重要。初創事業進行的創新種類繁多，例如，探索新奇科學、改變既有科技的用途、設計一套可以開發出隱藏價值的新商業模式、將某種產品或服務放到新的市場上，或介紹給過去被忽略的客群等。在上述這些例子中，創新絕對是一家公司成功的核心。

這個定義中還有一個重要的部分：創新產生時的情境。大部分的公司，不管大小，通常不會像初創公司一樣必須遭遇各種極度不確定的狀況。有很多人喜歡完全參照某家公司的商業模式、價格策略、目標市場、特定產品去成立另一家新公司，不過，這樣的新公司並不能稱之為初創事業，因為只要計畫執行得當，這家公司就非常有可能達到預期的成果（這就是為何有很多小型企業可以申請到簡易銀行貸款，因為他們的經營風險與不確定程度一目瞭然，有利銀行貸款專員的評估）。

絕大部分傳統管理方式使用的工具，都很難在具有高度不確定性特質的初創事業身上發揮作用，因為未來是難以預測的，顧客面對的選擇愈來愈多，市場改變的速度也愈來愈快，但是大多數初創事業，不論是車庫裡的，或是大企業裡的，仍在延用制式的市場預測方法、產品里程碑訂定法與巨細靡遺的商業計畫。

SnapTax 的故事

二〇〇九年出現了一支大膽嘗試創新的初創隊伍，他們希望能為報稅人節省可觀的報稅支出，方法是將W-2表格（美國僱主寄給員工的年度所得稅薪資結算單）資料的輸入過程自動化。這支初創團隊很快就遇到了困難。許多消費者家中或辦公室裡雖然都有印表機或掃描機，卻很少人知道怎麼使用。在多次與潛在顧客訪談後，他們想出了讓顧客直接用手機拍下表格的點子。在測試這個想法的過程中，顧客出乎他們意料問道：「有沒有可能**完全**用手機**報稅**？」

這可不是件容易的事，要知道傳統報稅必須先消化數以百計的問題、表格與文件。於是他們又想出了一個新點子，他們決定寄給客戶一個產品的初版，一個和完備的會計系統大巫見小巫的產品，這個版本只適用於報稅內容簡單的客戶，而且還僅限加州居民使用。

消費者不須填寫複雜的報稅表格，只須要用手機的相機功能拍下他們的W-2表格。從照片出發，該初創公司發明了填報1040EZ（簡易稅目）的技術。相較於沈悶的傳統報稅方式，這個名為SnapTax的新產品提供了客戶一個奇妙的經驗。SnapTax由小做起，逐漸發展成為一個成功的初創案例，它於二〇一一年在全美推出正式產品，消費者簡直為它瘋狂，在短短的頭三週內，有超過三十五萬人下載了這個產品。

這類創新正是我們所期望的初創事業。

說出來可能會嚇你一跳，SnapTax這個產品是由英圖伊特公司（Intuit）開發出來的。英圖伊特是美國最大、專為個人及小型企業設計金融、稅務與會計工具的公司，它目前有超過七千七百位員工，年收入達數十億美元，它可不是一家典型的初創公司[2]。

SnapTax的組成團隊與我們一般想像的創業家也不太一樣，他們不在車庫裡工作，也不吃泡麵，他們並不缺乏資源，員工領得到全職薪水，也享有福利，他們每天也都在一個很正常的辦公室上班，但是他們也是創業家。

像SnapTax這樣的例子並不常出現在大公司裡。事實上，英圖伊特的主力產品是供電腦使用的TurboTax軟體，與SnapTax是相互競爭的。這種情形符合了克雷登．克里斯坦森（Clayton Christensten）所著《創新者的困境》中描述的陷阱：他們擅於為既有產品創造新的附加價值，來繼續服務原有的顧客——這是克里斯坦森所稱的**持續性創新**（sustaining innovation），卻開發不出所謂**破壞性創新**（disruptive innovation）的突破性新產品，而突破性新產品才是可以讓公司繼續成長的來源。

我曾經問過SnapTax團隊的負責人，什麼是造就SnapTax成功的原因，他們的答案相當出乎我意料。你們有沒有從別處請來超級創業明星相助？沒有，這個團隊是在英圖伊特內部自行組成的；是否經常遭遇企業創新殺手——管理高層——的干預？不但沒有，公司的執行贊助人甚至還成立「自由之島」鼓勵實驗；團隊是否有眾多的成員、預算和行銷經費？也沒有，這個團隊一開始只有小貓五隻。

SnapTax團隊的創新能力並非拜團員的基因、命運、星座所賜，而是英圖伊特公司管理高層刻意鼓勵的一個過程培養出來的。創新在本質上是一個由下往上、分散且無法預測的東西，但是不代表它無法被管理。創新是可以管理的，但是需要一套新的管理法則，這套法則不僅僅是努力開發下一個改變世界的新產品的創業家需要，在背後支持、培育、並把重責大任交給創業家的人也同樣需要。換言之，培養創業精神是企業高層的責任。今天，一家像英圖伊特這樣的尖端科技公司之所以能創造出SnapTax這樣的成功案例，是因為它意識到公司需要一個全新的管理模式，這可是其管理高層花了多年的時間才領悟出來的。[3]

一家有七千名員工的精實創業公司

話說英圖伊特的創辦人，傳奇創業家史考特・庫克（Scott Cook），與共同創辦人湯姆・普拉

---

2 更多有關SnapTax的資訊，請至http://blog.turbotax.intuit.com/turbotax-press-releases/taxes-on-your-mobile-phone-it%E2%80%99s-a-snap/01142011-4865，以及http://mobilized.allthingsd.com/20110204/exclusive-intuit-ses-more-than-350000-downloads-for-snaptax-its-smartphone-tax-filing-app/。

3 有關英圖伊特與SnapTax的資料大部分透過實際訪問英圖伊特管理層與員工得來，有關英圖伊特的成立資訊則引用自蘇珊・泰勒（Suzanne Taylor）與凱西・許若德（Kathy Schroeder）的《走進英圖伊特：Quicken製造者如何擊敗微軟、造成產業大革命》（*Inside Intuit: How the Makers of Quicken Beat Microsoft and Revolutionized an Entire Industry*）一書。

克斯（Tom Proulx），在一九八三年時提出了一個非常前衛的觀念：把私人會計帳目交由電腦來處理。當時，成功對他們而言還是一個遙不可及的夢想，他們面對的是數不清的競爭者、不確定的未來、和一個很小的目標市場。十年後，他們的公司上市了，跟著成功抵擋了多個大公司精心策劃的攻擊，包括來自軟體巨獸微軟（Microsoft）的挑戰。在著名創投業者約翰・竇爾（John Doerr）的協助下，這家公司蛻變成晉身財富一千大的多元化現代企業，其主要部門開發出的數十種產品，都成了市場上的領導品牌。

從沒沒無聞、一文不名，到功成名就、大富大貴，這樣的創業成功案例你我都聽過不少。

現在讓我們快跑到二〇〇二年，庫克十分沮喪，因為他把英圖伊特十年來推出的新產品資料整理列表後發現，他們花了大錢投資開發的新產品，回報率幾近於零，簡言之，他們推出的大部分新產品都失敗了。依傳統的標準看，英圖伊特是一家在管理上十分健全的公司，當庫克對失敗的原因追根究底後，得出了一個令人難以接受的結論：他與公司奉行的傳統管理模式無法解決現代經濟體系中持續創新必須面對的問題。

在嘗試改變公司管理文化數年後，庫克偶然看到我早期對精實創業的看法，於是在二〇〇九年秋天邀請我到英圖伊特談精實創業。在矽谷，這絕對不是一個你能拒絕的邀約，我必須承認有點納悶，因為我才剛開始整理我的精實創業概念，而且我對像這樣的財富一千大企業面對的挑戰並沒有太大的興趣。

但是，在我與庫克和英圖伊特的首席執行長布萊德．史密斯（Brad Smith）會面後，我開始思考現代管理高層的角色，他們其實也和創投業者，以及在車庫創業的人一樣，在創業路上辛苦地掙扎著。為了應付潮流趨勢，史考特與布萊德重新回歸到英圖伊特的初衷，把創新與冒險犯難的精神植入公司每一個部門中。

以英圖伊特的旗艦產品之一TurboTax為例，由於該產品主要銷售季節是在報稅期間，它過去的產品文化是十分保守的，行銷團隊和產品開發團隊每年只會進行一次主要的更新動作，然後及時趕在報稅季節前推出。現在，他們在兩個半月的報稅時間裡，會進行超過五百次不同的更新測試，平均每個禮拜進行高達七十次不同的測試。例如，工作團隊週四會在網站上直接做一項修改、週末時進行測試、週一讀取結果、週二開始做結論、週四重新設計新測試項目，然後在週四晚上推出下一組測試項目。

史考特形容：「天哪，他們的學習成果實在是太豐富了，這樣的過程正是在造就創業家。當公司只進行一項測試時，是造就不出創業家的，你看到的只有政客，因為員工必須去賣點子。要在一百個好點子中脫穎而出，你不得不去賣你的點子，這種情形下，公司只會出現一堆政客和業務員。當公司須要進行五百項測試的時候，每一個人的點子都會被派上用場，員工透過不斷測試、學習、再測試、再學習的過程，個個都成了創業家，而不是政客。因此，我們試著用與高科技無關的例子積極在公司內推廣這個觀念，好比網站的例子，現在每一家公司都有網站，你就算不懂高科技也可以進行快速循環的測試。」

但是要進行這樣的改變是十分困難的，畢竟英圖伊特為數龐大的現有顧客仍然會不斷地要求他們提供更好的服務，投資人也期盼他們能繼續穩定地成長。

史考特表示：

這項改革與人們一直以來在企業中被灌輸的認知，或企業領導人一直以來所學的知識是相違背的。問題不在工作團隊或創業者身上，他們巴不得自己開發出來的產品能早點上市，讓消費者決定其命運，而不是由西裝畢挺的老總們決定其生死。真正的問題在於企業領導人及中層管理幹部。有許多企業領導人當年成功的原因是因為他們擅於分析，他們自認是分析家，應當為公司做企劃分析、為公司的未來訂定計畫。

有些公司藉由重新開發產品的用途，去維持他們在市場上的領導地位，這個作法能維持的時效已經愈來愈短。因此，創新應該是所有企業，包括百年老店的當務之急。事實上，我認為，利用精實創業法建立一個可以不斷進行破壞性創新的「創新工廠」，是一家公司得以長期發展的唯一途徑。換言之，成立已久的企業必須想辦法做到史考特．庫克在一九八三年做的事，但是必須以工業規模的標準來檢視，還要求那些長期浸潤在傳統管理文化裡的經理級幹部一起行動。

對任何事物總是抱持懷疑態度的史考特．庫克，希望我能對精實創業的構想進行測試。於是，我對超過七千名的英圖伊特員工做了同步視訊演說，向他們解釋精實創業的理念，並且再次重申我對初創事業的定義：一個在強烈不確定未來發展的情況下，進行新產品或新事業開發工作的機構。

演講一結束，發生了一個讓我永生難忘的一幕。在我演說時，首席執行長布萊德．史密斯一直坐在我身旁。演說一結束，他起身對所有英圖伊特的員工說：「大家聽著，你們都聽到了艾瑞克對初創事業下的定義，這個定義有三個部分，而我們英圖伊特完全符合了這三大部分。」

身為領導者的史考特和布萊德深知，公司的管理思維須要注入新的元素。英圖伊特的例子證明了精實創業思維也適用在歷史悠久的企業身上。布萊德向我解釋他們是如何向他們進行的創新工作負責，他們用兩件事來評估：一是三年內增加的新顧客人數，二是三年內增加的投資基金百分比。

在過去的管理模式下，英圖伊特的成功商品平均得花上五年半的時間，才能開始為公司帶來每年五千萬美元的收入。布萊德解釋：「我們在過去一年內就收到了五千萬美元的注資，但是重點不在於獲得多少投資基金，而是公司出現了前所未有的大規模創新改革，這讓我們充滿了戰鬥力，促使我們能在最快的時間內淘汰掉不合理的產品，然後加倍集中火力在對的產品上。」

像英圖伊特規模這麼大的公司，目前得到的只是初步的成果，他們還有建立了數十年的舊制度和舊思維須要克服，不過，他們採用創業管理方式的領導風格已經開始發揮作用。舉例來說，TurboTax所做的改變，讓它的團隊可以在每年報稅季節內進行高達五百項的新試驗。在過去，由於沒有一個可以在數天內於網路上快速進行修改的系統，行銷人員往往要花上數週的時間，才有辦法完成一項測試，這都要歸功英圖伊特投資建立了可以加速測試的設計、運用、分析的系統。

正如史考特．庫克所言：「發展這些測試系統是管理高層的責任，這些系統必須經由公司領導人之手植入公司，如此一來，領導人的角色不再只是扮演凱撒大帝，動動大姆指批准或否決員工的點子這麼簡單，而是親自把新文化和新制度帶進公司，讓工作團隊配合實驗系統的速度進行創新。」

三

學習

「驗證後的學習心得」是一個利用實際經驗來證明創業團隊已經找到公司現時與未來發展潛力的過程，它比市場預測和商業企劃來得更實際、精確而快速。

〈關鍵概念〉

- **驗證後的學習心得**
- **零的肆無忌憚**

在創業過程中，最困擾我的提問莫過於：我的公司是否正朝成功企業之路邁進？在我還是個工程師，或後來成為部門經理時，我一直習慣檢視工作是否依照計畫進行、品質是否良好、成本是否超出預算等標準來評估工作成效。

在當了多年的創業人士之後，我開始對這樣的評估方式產生懷疑。如果我們創造出來的東西無人問津怎麼辦？如果是這樣，就算在預算之內準時完工又有什麼意義？我每天唯一能確定的事只有：大家都在忙、公司花了錢。我希望我的團隊能努力讓我們更貼近目標，可是我不得而知，我只能祈禱，萬一方向錯誤，最起碼我們能在過程中學習到有用之物。

「學習」一直是任務失敗最常用的藉口，管理階層沒有達成預期的目標時，都用它來當擋箭牌。特別是一些被成功的壓力壓得喘不過氣來的創業家，在發表他們的學習成果時，往往創意十足。人們為了保住自己的工作、事業或信譽，總是能找到一個好理由來背書。

但是對跟隨創業家勇闖未知的員工、對創業團隊投注大量金錢、時間與精力的投資人、對大大小小把生存的希望寄託在創新事業上的公司而言，學習不過是一個聊勝於無的慰藉罷了。學習無法存進銀行，不能花也不能拿來做投資，沒辦法送給客戶，也沒辦法還給合作夥伴，怪不得創業家與企業管理人一聽到學習就皺眉。

但是，當創業的目標是在極度不確定未來的情況下為公司建立基礎時，學習就成了最重要的功能。我們必須瞭解，發展策略裡有哪些元素是可以幫助公司達成願景，哪些又只是不切實際的空想；我們也必須找出客戶真正的需要，而不是他們口頭上說的需要，或是我們認為他們應該要有的需要；我們也必須確定我們是否走在一條可以讓公司永續發展的道路上。

在精實創業的模式裡，我們使用一個所謂**驗證後的學習心得**（validated learning）的概念來還原學習的精神。驗證後的學習心得不是事後的辯解，也不是為了掩蓋失敗的說詞，它是對未來發展極度不確定的初創事業，用來證明公司進展的一個方法。驗證後的學習心得是一個利用實際經驗來證明創業團隊已經找到公司現時與未來發展潛力的過程，它比市場預測和商業企劃來得更實際、精確而快速，是治療大獲失敗——成功執行一個沒有結果的計畫——這個致命傷最關鍵的解藥。

IMVU驗證後的學習心得

以我的事業為例，很多人已經聽過IMVU創立的故事，以及我們在開發第一個產品時犯下的種種錯誤。在此，我想要就其中一項錯誤做詳細的探討，以清楚說明什麼是驗證後的學習心得。

參與創立IMVU的每一個人都渴望發想出讓公司成功的策略，因為我們都嘗過創業失敗的苦，不願再重蹈覆轍。創業初期我們擔心：應該開發何種產品？對象是誰？能在哪一個市場取得領導地位？要如何建立經得起考驗的產品價值，才不會受到競爭對手的侵蝕[1]？

傑出的策略

最後我們決定進軍即時通（Instant Messaging，簡稱IM）市場。二〇〇四年全球已經有數億活躍的即時通用戶，但是大部分使用的都是免費服務。事實上，例如美國線上（AOL）、微軟、Yahoo!等大媒體和一些入口網站的即時通網路，都是其所有服務中最賠錢的產品，僅能靠廣告賺取微薄收入。

即時通是一個牽涉到強大**網絡效應**（network effects）的例子，它和大部分的通訊網絡一樣，都適用梅特卡夫定律（Metcalfe's law）——網路整體價值以用戶數量的平方速度在增長。換句話說，用戶人數愈多，網絡的價值就愈大，亦即一個網絡對一個用戶的價值，是依照該用戶在這個網絡上可以與多少人互動而定，這在直覺上是成立的。好比，如果這個世界上只有你一個人擁有電話，則毫無價值可言，只有在其他人也同時擁有電話時，你擁有電話這件事才有價值。

二〇〇四年時的即時通市場被少數業者所把持，前三大網絡控制了百分之八十以上的使用人口，同時還併購了其他小型即時通業者來擴展他們的版圖[2]。當時一般的見解都認為，除非花大錢做行銷，否則新網絡公司想要加入這個市場分食大餅的機會，微乎其微。

理由很簡單，從網絡效應的角度看，轉用即時通網絡須要大費周章。如果你想轉換網絡，你必須說服你的朋友、同事跟著轉，這是非常費時費力的事，無形中成了新公司進軍即時通市場的障礙，因為幾乎所有的用戶都被特定業者的產品限制住，沒有剩餘的顧客可供新公司搶灘。

IMVU設定的產品開發策略是，把傳統即時通的強大魅力與立體電子遊戲虛擬世界的高回報率做結合。在既有市場無法再容納新公司的情況下，我們決定開發可以在現有即時通網絡內部中運作的附件軟體，如此一來，用戶無須轉換即時通網絡，也不須要學習新的使用者介面，更重要的是，不用帶著他們的朋友大遷徙，就可以使用IMVU的虛擬產品及「替身」通訊科技。

我們認為，不用帶著朋友大遷徙這一點非常重要，因為用戶**必須**和他們網絡裡現有的朋友一起使用附件軟體，這個產品才能發揮價值。我們的設計是，每當用戶與朋友在網路上互動時，就會出現一個邀請他們加入IMVU的訊息，我們的產品就會像病毒一般在即時通的網絡裡散佈開來。為了達到病毒式成長的效果，首先必須讓我們的附件軟體盡可能支援每一種即時通系統。

---

1 IMVU五位創辦人——威爾・哈維（Will Harvey）、馬克斯・賈斯林（Marcus Gosling）、麥特・丹席格（Matt Danzig）、梅爾・蓋門（Mel Guymon）與我。

2 美國市場用戶集中的情形更加嚴重，請見http://www.businessweek.com/technology/tech_stats/im050307.htm。

六個月內推出產品

在確定策略後，我和其他創辦人便開始積極投入工作。身為首席科技長，最重要的責任就是寫出一個可以支援各個即時通網絡的軟體。我們花了數月的時間，每天長時間工作，努力地開發我們第一個產品。我們給自己訂下了嚴苛的期限，要在六個月，即一百八十天內推出產品，還要爭取到第一個付費客戶。這似乎是一個不可能的任務，我們卻堅決要達成這個目標。

這個附件軟體是如此龐大而繁複，內含許多移動的功能，它複雜到我們不得不大刀闊斧做許多削減才有辦法在限期內完成。老實說，這個產品的第一個版本簡直糟透了。我們花了許多時間爭論哪些錯誤必須更正、哪些可以容忍、哪些功能要刪除、哪些要想辦法塞進產品裡，過程是既興奮又惶恐，因為我們是如此充滿希望，卻又害怕寄出這樣的產品給客戶不知會有什麼後果。

就個人而言，我很擔心這麼差的產品會敗壞我身為工程師的名譽，大家可能會以為我根本沒能力做出高水準的產品。所有人也都很害怕，我們把一個不太能用的產品拿出去賣，可能會拆了IMVU的招牌。我們甚至還想到有一天報紙頭條可能會出現：「差勁的創業人做出差勁的產品。」那該有多丟臉！

隨著產品推出的日期一天天地逼近，我們也愈來愈焦慮。有很多像我們一樣的創業團隊，在最後一刻因害怕而沒能如期推出產品。我明白這種情緒反應是難以控制的，但是我很慶幸我們挺住了。延遲推出產品讓很多初創公司得不到他們需要的回應，從過去失敗的經驗中，我們很幸運地體會到，就算寄出的是一個沒有人要的爛產品，也比延後推出要強。於是，我們牙一咬，做好隨時道歉的準備，就把產品給寄了出去。

推出之後

然後——什麼事都沒有發生！我們的害怕解除了，因為根本就沒有人試用我們的產品。一開始，我覺得鬆了一口氣，起碼沒有人發現這個產品很瞎，可是沒過多久我們就感到十分挫折，畢竟我們花了那麼多時間去爭論產品該具備哪些功能、哪些錯誤要修正，由於我們設定的價值與事實相差太遠，顧客連去體驗產品有多差的機會都沒有，因為根本就沒有人下載我們的產品。

接下來的幾週、幾個月，我們一邊努力改善產品，一邊透過線上註冊和下載程序迎進了穩定的客源，每天把新增的用戶人數當作是反映當天努力與否的成績單，最終得以掌握到如何改變產品定位，才能說服用戶下載。我們也不斷地改良產品，每天把錯誤修正程式與更新部分寄給用戶。不過，儘管卯足了全力，卻只有少得可憐的用戶願意掏錢出來購買。

現在回想起來，我們在初期做了一個正確的決定，那就是設定了清楚的業績目標。第一個月的目標是賺三百美元，勉強做到了。接著開始四處邀請親朋好友（好啦，是哀求）使用產品。我們每個月固定提升業績目標，第一次調至三百五，然後四百，隨著目標數字愈來愈高，壓力也愈來愈大，親朋好友很快就聯絡光了，挫折感不斷地升高。雖然產品一直在進行改良，顧客的行為卻一直沒有改變——還是沒有人想要使用我們的產品。

無法達成業績目標讓我們深受刺激，於是決定將顧客請進辦公室，面對面瞭解他們的想法，並進行使用測試。實際面對目標顧客激發了我們提出建設性問題的動力，並且成為引導我們提問的依據，這個模式將會在本書中持續探討。

我多麼希望我是洞悉問題所在、提出解決方案的人，但是實際上，我卻是那個最不願意承認錯誤的人。簡言之，我們對整個市場所做的策略分析完全錯誤，這不是經由小組訪談或市場調查發現的，而是透過實驗得到的。顧客沒有說他們需要什麼，因為大部分的人根本沒聽過什麼是「立體替身」，相反地，我們透過他們對改良過後的產品有無反應行動，才漸漸發掘出真相。

找客戶談談

當時在走投無路的情況下，我們決定找幾個潛在顧客談談。我們把他們請來辦公室，說：「請您試用一下這個新產品，它叫IMVU。」如果顧客是一個青少年、一個活躍的即時通用戶或高科技的早期採用者，他通常會樂意配合。如果找來的是一個「主流」份子，則他的反應是：

「那——你們到底要我做什麼?」我們實在對主流團體沒轍,因為他們覺得IMVU太奇怪。

現在請你想像我們向一位十七歲的女孩展示產品。她選擇了代表她的「替身」,然後說:「哇!這個好好玩!」接著她開始依照想要的,量身設計「替身」的樣子。完成之後,我們告訴她:「好,現在下載這個即時通附件軟體。」她問道:「那是什麼?」

「哦,這個東西可以用在所有即時通用戶的系統裡。」她困惑地看著我們:「我沒聽過這個東西耶,我的朋友也沒聽過,你們為什麼要我下載這個?」這,說來可就話長囉。在她的認知裡,即時通附件軟體並不是一個產品種類。

由於是面對面的情況,我們還是說服了她。她下載產品之後,我們告訴她:「好,現在邀請一個朋友來聊天。」她的反應是:「我才不要!」我們問:「為什麼?」她回答:「因為我還不確定這個東西酷不酷,你們要我冒險去邀請朋友加入,他們會怎麼想?如果這個東西很瞎,他們也會覺得我很瞎的,你懂吧?」我們向她解釋:「不會的,如果你的朋友也一起加入的話,會很好玩的,這是一個**交友**產品。」她還是滿臉狐疑地看著我們。很顯然地,這個實驗失敗了。不過,當你第一次遭遇這種情形時,你會說:「沒關係,可能只是這個人的問題,讓她走吧,再幫我找一個來。」第二個顧客來了,說了同樣的話;第三個人來了,結果還是一樣。同樣的過程不斷在重複,就算你再鐵齒,你也心知肚明,一定有個地方有問題。

顧客們堅持:「我想要自己一個人使用,我想先試試看這個東西酷不酷,再考慮要不要邀請朋友加入。」我們的團隊有很多人是設計電子遊戲出身的，單人遊戲模式，對吧？於是我們設計了單人使用模式，再請顧客來試用，他們量身訂做了他們的「替身」、下載了產品，選擇了單人使用模式，接著我們會說：「玩玩看你的『替身』，替他打扮打扮，他還可以做一些很酷的動作喔！」然後告訴顧客：「你已經試過了，可以邀請你的朋友一起來玩了吧？」他們回答：「不要！這個一點都不酷。」我們說：「不是早就**告訴**過你，一個人使用是不會好玩的嗎？一個交友產品本來就不應該一個人玩。」你看，我們還以為聽從客戶意見做出的改變會得到好成績，結果客戶還是不買帳。他們說：「聽著，老傢伙，你們根本就不懂，在我還沒搞清楚這個東西酷不酷之前，就要我邀朋友加入，你們這個奇怪的生意存的是什麼心啊？」又是一次完全失敗的實驗。

沒辦法，我們只好又加入另一個新功能叫即時聊天（ChatNow），這個按鈕可以讓你與世界上某一個角落的人隨機配對，你們之間唯一的共通點只是在同一時間按下了這個按鈕。突然間，做測試的顧客開始說：「哦，這個好好玩！」

我們又把顧客帶進辦公室使用即時聊天，看他們是否能遇到一個他們覺得蠻酷的朋友。他們說：「嘿，那傢伙很酷，我要把他加入我的朋友名單裡。我的朋友名單在哪？」我們會說：「你只要用你原來美國線上的朋友名單就可以了，不用另開新的朋友名單。」這是內部運作與網絡效應的重點。這下，顧客又問道：「你們到底要我做什麼？」我們回答：「你只要把你美國線上的用戶名稱告訴他，你就可以把他加進你的朋友名單裡。」這時顧客就會睜大眼睛驚呼：「開什麼玩笑？把一個陌生人放進我美國線上的朋友名單裡？」我們告訴他：「是的，否則你就得下載另一個全新的即時通系統，才能建立新的朋友名單。」顧客反問：「你知道我現在用幾個即時通系統嗎？」

「我不清楚，一到兩個吧？」這是我們公司員工使用的數目。少年回答：「錯！八個！」我們當時真的不知道這世界上到底有多少個即時通系統。

我們一開始認為，學習新軟體對很多人來說是一項挑戰，把朋友轉移到另一個新的朋友名單也很麻煩，很顯然地，我們錯了。客戶讓我們瞭解到事實並不是這麼回事。我們很想將圖表畫在白板上，告訴客戶我們的策略有多棒，可惜他們一定不懂什麼是網絡效應和轉換成本；如果說明為什麼他們的反應應該和我們預測的一樣，他們一定會一臉困惑地猛搖頭。

我們對人們使用軟體的認識還停留在好幾年前，最終，在經過與數十個顧客面對面的折磨之後，我們逐漸明白，即時通附件軟體的概念一開始就是個錯誤[3]。

我們的顧客並不想要即時通附件軟體，他們要的是一個獨立的即時通網絡，他們並不認為學習使用新即時通應用程式是一種負擔，相反地，我們的早期採用者同時使用好幾種即時通應

3 想知道更多有關促成IMVU放棄附加軟體策略、進行軸轉的客戶訪談內容，請至http://mixergy.com/ries-lean/。

用程式。我們的顧客並不擔心轉換新即時通網絡必須帶著一大群朋友一起走，反而覺得這是個有趣的挑戰。更令人意外的是，原本以為顧客希望使用「替身」的對象是網絡上現有的朋友，錯，他們其實非常願意結交新朋友，這正是「立體替身」最能發揮功能的地方。就這樣，顧客將我們一開始設定、看似高明的策略一點一點地瓦解。

捨棄作品

如果你同情我們的處境，或許就會原諒我的執拗，畢竟那是我花了好幾個月的心血完成的作品，現在說丟就丟。當初為了達成核心策略設定的目標，讓我們的即時通應用程式可以支援各個不同的網絡，我像個奴隸一樣沒日沒夜地設計軟體。當公司決定轉換方向，放棄原來的策略時，我做好的東西幾乎得全數丟棄，那可是數千條程式啊！我有種遭背叛的感覺。我是最新軟體開發法（一般稱為敏捷軟體開發）的擁護者，這個方法強調減少資源浪費，如今我卻成了一個超級浪費者，因為我做了一個沒有顧客願意使用的產品，這著實讓我感到沮喪萬分。

我時常在想，姑且不論我們浪費了多少時間與精力，如果過去六個月我只坐在沙灘上享受著一杯又一杯插著小雨傘的飲料，公司是否一樣可以賺錢？如果我什麼都沒有做，情況會不會比較好？

本章一開始我就提過，每個人都會想辦法為自己的失敗找一個理由，而我用來自我安慰的理由就是：如果沒有創造出這個產品，或犯下種種的錯誤，我們就永遠無法洞悉顧客的心理、無法得知我們的策略有問題。這個藉口裡隱藏著一個事實：我們在創業初期最重要的那幾個月內所學到的經驗，是IMVU最終走上成功大道的關鍵。

這個「學習」的藉口讓我的心理好過了一段時間，但是為時不長。最困擾我的是：為何我們得花上幾個月的時間才能洞察顧客真正的需求？我們的努力當中有多少是花在值得學習的事情上？如果我不是為了「改良」產品全心投入在設計新功能與修正錯誤上，我們是不是能早點學到教訓？

價值與浪費

換言之，我們哪些努力創造了價值，哪些努力又是白費了呢？這個問題是精實製造革命的核心，也是精實製造理論擁護者必須學會發問的第一個問題。學會發現浪費之處，然後有系統地杜絕浪費現象，是讓像豐田汽車公司這樣的精實企業，得以稱霸業界的關鍵。在軟體設計的領域裡，我奉行的敏捷軟體開發法也是源自於精實思維，用以防止浪費的發生。

但是，這些方法卻讓我們的努力付諸流水，這又是為什麼？

我在數年後才逐漸領悟出答案。價值在精實思維裡的定義是提供好處給顧客，反之則為浪費。在製造業裡，顧客並不在乎產品是如何製造出來的，他們只關心產品能不能用。但是在初創事業中，我們不知道顧客是誰，也不知道顧客認為有價值的東西是什麼，高度不確定性原本就是初創事業的一個主要特性。我意識到，我們須要為初創事業重新定義何謂價值。我們在IMVU真正的收穫，就是在創立的頭幾個月內學到如何創造顧客需要的價值。

浪費資源則是我們在那幾個月內，做過對學習最沒有幫助的事。如果不是付出那麼大的代價，我們還會有相同的收穫嗎？答案當然是肯定的。

想想我們為了產品必須具備哪些功能爭辯了多少回，為了工作的優先順序傷了多少腦筋，最後設計出來的東西居然乏人問津。當初如果我們能早點把產品寄給顧客，我們可能就不會浪費那麼多的資源。再想想那些因為錯誤的策略假設造成的浪費，我設計出來的可是能支援一打以上各式各樣即時通網絡的超級軟體啊！為了驗證我們的假設，真的須要耗損這麼多資源嗎？如果只針對半數、三個、甚至單一的現有網絡進行軟體開發，顧客的反應還會不會一樣？從所有網絡用戶對我們的產品都不感興趣的結果來看，即使我們投入的心力少之又少，我相信學習成果還是一樣。

有一個想法讓我輾轉難眠了好幾晚：我們的產品有必要去支援任何一個網絡嗎？如果我們什麼產品都沒有做，是不是照樣可以發現假設裡隱藏的錯誤？例如，是不是可以在沒有實際產品、只對顧客描述產品功能的情況下，答應給顧客下載產品的機會？如果以當初沒幾個人願意花錢買產品的事實來看，就算最終沒有把產品製作出來，大概也沒有幾個顧客須要道歉。（請注意，這和詢問顧客想要什麼不同，顧客通常不會預先知道自己要的是什麼。）我覺得當初應該進行一個實驗：提供顧客一個試用的機會，然後評估他們的消費行為。

這個想法也讓我感到很矛盾，因為它嚴重破壞了我的職責內容。身為產品開發部的領導者，我認為我的工作就是要確保新產品功能可以在預訂的時間內製作完成，如果我製作出來的大部分功能都只是浪費時間，那我到底應該做什麼？該如何避免這類的資源浪費？

我現在相信，學習的確是初創事業成長的重要元素，至於那些與瞭解顧客真正需求毫不相干的工作，可以完全捨棄。我之所以將學習稱為驗證後的學習心得，是因為它通常是透過初創事業核心指標出現的正向成長表現出來的。我們也發現，人們很容易將自認的顧客需求當作是真正的顧客需要，也很容易去學習到一些與成長無關的事物。因此，驗證後的學習心得都有來自真實顧客的實際數據做根據。

哪裡可以看到驗證的證據

我敢說，每一個創業失敗的人都會表示他從經驗中學到了諸多教訓，還可以說出一個很有說服力的故事。其實，我的 IMVU 故事說了這麼久，你可能已經察覺到好像還缺了什麼。是的，我一直強調我們在初期學到了很多帶領我們走向成功的經驗，我卻還沒提出任何證據證明我的說法。放馬後炮當然容易（你會陸續在本書中找到證據），但是想想，在創業初期我們要拿什麼去說服投資人、員工、家人，甚至最重要的——自己，我們並不是在浪費時間和資源？證據到底在哪裡？

我們失敗的部分聽起來好像很有趣，甚至針對錯誤及應該如何改良產品，整理出很冠冕堂皇的理論，但是直到把這些理論應用到實際工作、設計出後來真正受顧客青睞的新版本之後，才得出驗證。

之後的幾個月，才是IMVU真實成功故事的開始——與我們當初了不起的假設、策略、白板作戰計畫毫無干係——是關於極力尋找顧客真正的需求、調整產品與策略以滿足顧客需求的過程。我們採納了一個主張，即任務是在願景與顧客可以接受的產品中，找一個折衷點，這並非屈從於顧客自認的需求，也非告訴顧客應該需要什麼。

隨著愈來愈瞭解客戶，知道該如何去改良產品，公司發展的基本指標也跟著起了變化。公司成立初期，不論如何努力改良產品，發展就是不見起色。還記得當時我們拿每天增加的顧客人數當作成績單，還特別留意那些有明顯行動，例如下載或購買產品的顧客。但是不管產品做了多少改良，每天肯花錢購買產品的人數還是差不多，幾近於零。

不過，當我們進行軸轉、改變原來的策略後，事情開始有變化了。因為有了對的策略，在產品開發上所做的努力有了明顯的回報——不是因為比以前更認真工作，而是因為我們懂得配合顧客真正的需求，用比較聰明的方法工作。數據上的正向改變，就是學習成果量化的證明，這對我們而言是非常重要的，因為可以向所有利益關係人——員工、投資人、包括自己，證明我們真的在成長，而非只是自欺欺人。同時，這也是初創公司看待生產力的一個正確方式：不應以製造了多少成品為標準，而應以在努力的過程中獲得了多少驗證過的學習成果為標準[4]。

在早期的一個實驗中，我們更改了整個網站、首頁及產品註冊流程，以「立體即時通」取代「替身聊天室」，新顧客自動被分派到新舊兩個不同的版本，一半的人只能看到新版本，另一半只能看到舊版本，我們藉此測量兩個團體之間的不同。結果發現，新版本的顧客願意登記入會的比例比較高，他們也較傾向成為長期的付費客戶。

我們也做了很多失敗的實驗，例如，有一段時間，我們認為顧客不願使用產品是因為他們對產品功能不夠瞭解，我們甚至為此僱用客戶服務人員充當新顧客的虛擬導航員。不幸地，享受到這項貴賓待遇的顧客並不見得會比較喜愛產品，或比較願意花錢購買產品。

我們一直到捨棄即時通附加軟體策略好幾個月後，才真正瞭解當初**為何**做不出成績。在進行軸轉與許多失敗的實驗後，才終於明白真正的原因：顧客希望能使用IMVU在網路上結交**新**

4　提醒：驗證後的學習成果需要正確的數據予以證明，這類數據稱為可行指數，在第七章中有詳細討論。

朋友。有一件事顧客比我們早體認到，那就是，當時既有的網路社群產品都以用戶的真實身分出發，而IMVU特有的「替身」技術，可以讓用戶放心地在網路上結交朋友，無須擔心人身安全或真實身分遭盜竊，這對擁有各個年齡層顧客的IMVU來說，顯得格外重要。我們做出這個假設後，實驗變得更容易得到正面的成果。我們發現，每次把產品修改得讓顧客更易於結交和維繫朋友時，顧客就會更積極投入使用這個產品。這就是真正的初創生產力：利用系統化方式製造對的產品。

上述只是上百個實驗中的幾個例子，在數不清的星期裡，我們慢慢地學習到，哪些顧客會使用我們的產品，以及為什麼他們會願意使用。每學到一點，就會提出新的實驗構想，然後看到各項數據一步步地往目標接近。

零的肆無忌憚

雖然IMVU終於取得了初步的成功，但是整體數字依舊很低，用傳統的商業評估法來衡量，這種情形是危險的。諷刺的是，什麼都沒有——零收入、零客戶、零牽引力——反而比已經做出少許成績更容易賺到錢或得到其他資源。零讓人有想像空間，小數字卻讓人懷疑是否有變成大數目的可能。每一個人都聽過（或自以為聽過）產品一夕爆紅的故事，只要產品還未推出，數據資料還未出爐，任何人都有資格夢想明日可以麻雀變鳳凰。小數字卻只會在希望頭上澆冷水。

這種現象對人們造成的鼓勵是殘忍的：「確定成功後才蒐集數據。」我們之後會談到，延遲確認數據一定會出現不良的效果，例如，提高工作浪費量、流失重要的顧客回應、大幅提高產品無人聞問的危險性。

但是，產品推出後只祈禱不會有壞事發生，也不是一個好方法，因為這樣的誘因是很真實的。我們當初成立IMVU時，並不知道會遇上這個問題。我們最早期的投資人和顧問覺得很奇怪，為何我們要把一開始的業績目標設定在三百美元，後來有好幾個月的時間，我們的收入一直在每個月五百美元上下盤旋，有些人開始失去信心，包括我們的顧問、員工、甚至配偶。事實上，有些投資人曾經很認真地建議我們先把產品從市場上撤出，轉地下化繼續開發，幸好我們進行了軸轉、實驗、並且將所學融入產品開發與行銷工作中，我們的業績才開始提高。

可惜提高得很有限。一方面，我們很幸運地發現有一張成長圖表開始呈現著名的曲棍球桿走勢，但是另一方面，這個圖表只上升到每月幾千美元就停止了，雖然圖表呈現向上的趨勢，並不足以讓我們因為初期失敗而瓦解掉的信心起死回生，而且我們缺乏驗證後學習心得的語言可以提供不一樣的理念來凝聚共識。幸好有些投資人瞭解驗證後學習心得的重要性，他們願意把眼光放遠，著重在我們真正獲得的成果上。（你可以在第七章中看到投資人當初看到的原始圖表。）

因此，我們得以利用驗證後的學習心得減少「零的肆無忌憚」造成的浪費，我們須要證明的是，我們在產品開發上投注的心血正引導著我們走向大規模的成功，我們絕不會受到虛榮指標與「成功戲院」(success theater)——讓我們看似成功的幻象——的誘惑而屈服。我們大可以耍行銷噱頭、買一個超級盃(Super Bowl)廣告或做誇張的公關活動，讓我們的整體數字看起來很漂亮。投資者也許會因此上門，可惜這種作法不會長久，最終，公司的真實面目會浮現，公關的作用會消失，珍貴的資源全浪費在作戲上，而非成長上，大禍就會臨頭。

IMVU在創造了六千萬個「替身」後，依然持續蓬勃發展，它創造的不只是一個成功的產品、一個優良的團隊及亮眼的財務報告，還有一個全新評估初創事業成果的方法。

IMVU以外的教材

自從史丹福大學商學院研究所發表了一篇關於IMVU早年發展的研究報告後，我就開始以IMVU為例到處演講[5]。IMVU的案例現在已經成為好幾所商學院創業課程中的教材，其中包括了哈佛商學院。我也在數不清的研討會、演說、會議中講述了這些故事。

每回我在講授IMVU的故事時，學生們總是對我們使用的戰術特別感興趣，例如推出劣質的雛型產品、第一天就向顧客收錢、以低額的業績目標作為鞭策自己的方式等，這些當然都是很有用的技巧，但是絕非故事真正蘊藏的意義。創業過程中例外的事太多了，例如，不是所有類型的顧客都能接受劣質的雛型產品。想法比較多的學生會認為，這些技巧並不適用於他們的產業或狀況，它們之所以奏效，是因為IMVU是一家軟體公司、消費性網路事業或無特定任務的應用範圍。

這些想法都沒有什麼建設性。精實創業並非僅僅是一組個別的戰術，它是一個有原則性的新產品開發法，你必須先弄清楚精實創業效用背後隱藏的原則，才能理解它所建議的作法。在接下來的章節裡，我們會看到精實創業模式運用在各式各樣不同類型的商業與產業裡，例如製造業、清潔技術、餐廳、甚至洗衣店等。IMVU這個特定例子使用的戰術，未必適用於你的事業。

接下來我要談的，是學習如何將每一個產業裡的每一個初創事業看作是一項重要的實驗。我們要問的問題不是：「這個產品做得出來嗎？」在現代經濟中，你能想像出來的產品幾乎都可以被製造出來；比較恰當的問題應該是：「我們應該製造這個產品嗎？」，以及「我們可以透過這組產品及服務創造一個可以永續經營的事業嗎？」為了回答這些問題，我們需要一個可以

---

5 此篇研究報告作者為貝瑟妮．寇特斯（Bethany Coates），指導教授為安迪．瑞克利夫（Andy Rachleff），請瀏覽http://hbr.org/product/imvu/an/E254-PDF-ENG。

有系統地將商業計畫分解成組合元素，然後逐一進行測試的方法。

換言之，我們需要一個科學的方法。在精實創業模式裡，初創事業所做的每一件事，包括每一項產品、每一種功能、每一套行銷活動，都被解讀成一個為了獲得驗證後的學習心得所進行的實驗。這個實驗方法適用於任何產業或類別，我們會在第四章裡繼續討論。

四 實驗

精實創業法將初創事業的作法當成一連串的實驗重新看待，每一項實驗的目的，都是為了找出一個以願景為藍圖讓企業永續經營的方法。

〈關鍵概念〉

- **立即實驗**
- **實驗即產品**

我見過很多初創公司不知道該如何回答以下問題：哪些顧客意見是值得聽取的，如果有的話？我們要如何決定產品功能的開發順序？哪些功能比較能幫助產品成功，哪些又只是輔助的？改變哪些功能是安全的，改變哪些會惹惱顧客？什麼產品是可以迎合今天的顧客，但是要付出明天的代價的？我們接下來該做什麼？

許多採用「我們把產品寄出去看會發生什麼事」的創業團隊，都不知如何回答上述這些問題。我借用Nike著名的企業標語，把這一款稱之為「做了再說」創業派[1]。很不幸地，如果創業團隊的計畫是「看會發生什麼事」，那他們一定會成功，因為他們一定會看到事情是怎麼發生的，至於能否獲得驗證後的學習心得就另當別論。科學方法最重要的課程之一就是：如果你失敗不起，你就無從學習。

從土法煉鋼到科學辦案

精實創業法將初創事業的作法當成一連串的實驗重新看待，藉由測試初創事業的策略，找出哪些部分是可行的，哪些又是不著邊際的。一個真正的實驗是依循科學方式進行的。首先，要有一個清楚的假設，預測將會發生的事情，接著對這些假設進行實際的測試。初創事業的實驗是由公司願景引導的，正如科學實驗是由理論產生的，而初創事業每一項實驗的目的，都是為了找出一個以願景為藍圖讓企業永續經營的方法。[1]

眼光放大，由小做起

Zappos是全球最大的網路鞋店，每年銷售金額超過十億美元。強調以客為本的Zappos是全世界最著名的成功電子商務企業之一，但是它在創立初期可不是這麼一回事。

創辦人尼克·史文莫恩（Nick Swinmurn）當初苦於在網路上找不到一個可以提供各式各樣鞋款的網站，於是他想出一個很棒的全新零售方式。史文莫恩大可以慢慢地企劃，堅持測試他整個網路零售願景是否可行，包括建立倉庫、尋找通路夥伴，直到確定可以做到可觀的銷售業績。很多早期電子商務先鋒的作法就是這樣，你也許聽過一些失敗的例子，例如Webvan及Pets.com。

相反地，他進行了一個實驗。他假設：消費者已經準備好、也願意在網路上購買鞋子。他首先詢問當地鞋店是否可以讓他拍下他們貨品的照片，然後上載到網路上，如果有人在網路上向他訂購鞋子，他願意以原價向店家購買，作為交換條件。

1 有創業家將這個標語納入他們的企業哲學裡，縮寫為JFDI，最新參考案例請見http://www.cloudave.com/1171/what-makes-an-entrepreneur-four-letters-jfdi/。

Zappos從一個簡單的商品開始做起，只為了回答一個最重要的問題：是否已經有相當比例的消費者希望能在網路上獲得令人滿意的購鞋經驗？一個像Zappos這樣精心設計出來的實驗，能測試的不只是企劃書中的一個層面而已。在測試第一個假設的過程中，也能一併測試許多其他的假設。賣鞋必須與顧客互動，例如收錢、處理退貨、提供客戶服務等，這些是市場調查無法獲得的資訊。倘若Zappos只單靠現有的市場調查或進行一項調查，內容一定不外乎詢問消費者他們想要什麼。於是，Zappos決定製造一個產品，儘管是一個很簡單的產品，他們獲得了比想像中更多的訊息：

一、由於他們直接觀察顧客行為，而非只是提出假設性的問題，他們比別人獲得更多正確的資訊。

二、他們與真實的顧客直接互動，瞭解到他們真正的需求。例如，公司可能會採用低價策略，但是顧客對標上低價的產品會有什麼想法？

三、他們對顧客出人意表的反應表示歡迎，因為可以得到一些他們意想不到的資訊，例如，顧客要是退貨怎麼辦？

Zappos第一個實驗提供了一個明確且可量化的結果，可以得知是否有相當比例的消費者願意在網路上購買鞋子，與此同時，Zappos也必須觀察顧客行為、與之互動，然後從真實顧客與工作夥伴的身上學習，這種質的學習是進行量化測試時不可或缺的部分。雖然Zappos一開始的工作規模非常地小，卻阻止不了他們偉大願景的實現。二〇〇九年Zappos被電子商務巨擘Amazon.com以十二億美元的天價收購[2]。

立即實驗是為了走更長的路

卡洛琳．巴勒林（Caroline Barlerin）是惠普公司（Hewlett-Packard）全球社會創新部門總監。惠普是一家擁有超過三十萬員工的跨國企業，每年業績總收入高達一千億美元。身為惠普參與全球社區活動的負責人，卡洛琳的角色是一名社工創業家，她的工作是鼓勵惠普員工多多利用公司的志工計畫。

惠普的企業指導方針鼓勵員工每個月花四小時的工作時間，在其所在的社區內擔任志工，可以是任何形式的公益服務，例如為居民油漆籬笆、建造房屋，或利用本身的工作技能提供他人免費的專業服務。卡洛琳最希望推廣的是最後一種形式。憑著公司的能力與價值觀，惠普結合的力量足以構成一股強大的正面影響力，例如設計師可以為非謀利機構重新設計網站，工程

2 http://techcrunch.com/2009/11/02/amazon-closes-zappos-deal-ends-up-paying-1-2-billion/。

師也可以組成團隊為學校架設網路。

卡洛琳的計畫只是一個開始，大部分的惠普員工並不知道公司裡有志工政策的存在，只有極少數的人參與了這個計畫，即使這些人都是受過嚴格訓練的專業人才，大部分也只是提供一些影響力不大的勞動服務。巴勒林的願景是將數十萬員工轉化成一股強大的社會公益力量。

這其實是一種全世界許多公司每天都會進行的企業活動，它與傳統定義下的初創事業並不相符，也不是我們會在電影裡看到的創業情節。從表面上看來，它似乎比較適合使用傳統的管理方式與企劃過程。但是，我希望在第二章中討論的內容，可以讓你對這個簡單的結論有所懷疑。以下要用精實創業的架構來分析這項計畫。

卡洛琳的計畫存在著高度的不確定性：惠普公司未曾有過這麼大規模的志工活動。她對員工參與活動意願不高的真正原因有瞭解多少？最重要的是，巴勒林真的知道如何去改變全球一百七十多個國家中數十萬員工的行為嗎？巴勒林的目標是鼓勵她的同事把世界改造得更美好，從這個角度看，她的計畫充滿了許多沒有經過證實的假設，以及無數的願景。

卡洛琳依照傳統管理法進行企劃，向不同的部門和主管們徵詢意見，並準備好頭十八個月的工作藍圖。她還規劃了完整的責任架構，利用數據來呈現這個計畫在接下來四年內對公司產生的影響。她和許多創業家一樣，都有一套詳列計畫的完整企劃書。除此之外，她希望取得一次性的成功，但是對於其願景是否有辦法大規模地擴展，她其實一無所知。

一個假設可能是，改善社區是惠普長久以來十分重視的一個企業承諾，但是近年的經濟危機讓公司的全球性策略逐漸偏重創造短期利潤，因此，資深員工會希望重申志工服務回饋社會的重要性。另一個假設可能是，員工認為利用自身專業技能去服務社會得到的成就感較大，持續服務的意願也會相對地提高，因此公司對接受服務的對象所產生的影響力也會比較大。另外，卡洛琳的計畫中還包括了許多很實際的假設，包括員工花時間從事志工服務的意願、他們投入與熱心的程度、聯繫他們的最佳方式等。

精實創業提供了一個嚴謹、快速且完備的方法去測試這些假設。策略企劃通常要花上數月的時間才有辦法完成，精實創業法卻可以立即進行。由小規模做起，卡洛琳可以在過程中避免大量的資源浪費，也不須要在整體願景上做妥協。卡洛琳若能將其計畫當成一項實驗的話，過程應該像以下所述這樣。

分解

首先，必須將整體願景裡的組成元素分解出來。我把創業家最重要的兩個假設稱為價值假設與成長假設。

價值假設（value hypothesis）要測試的是，產品或服務是否能帶給使用者價值。什麼情況可以說明員工覺得奉獻時間去做公益是值得的？我們可以用調查的方式詢問他們的意見，這個作法不見得能得到正確的答案，因為大部分的人都無法客觀地評估自己的感覺。

實驗是一個較為精確的測量方式，但是我們應該用什麼來代表實驗對象從事公益得到的真實價值？我們可以為少數員工安排擔任志工的機會，然後記錄這些員工留任的比例：其中有多少人再次登記成為志工？當一個員工自願奉獻時間投入這項活動時，就代表他們認為這項活動是有價值的。

成長假設（growth hypothesis）要測試的是，新顧客如何發現一項產品或服務，我們可以做一個類似的分析：活動起跑的訊息，要如何從一小撮率先參與的員工傳播至整個公司？一個可能的方式是採用病毒式傳播，倘若這個方法有效，首要評估的就是顧客的行為：率先參與活動的員工是否積極地告知其他員工有關這個活動的訊息？

在這種情況下，一個簡單的實驗可能只需要極少數的現有資深員工參與，例如說十來個就夠了，然後提供他們一個難得的公益服務機會。卡洛琳假設，員工會為了實踐惠普這個深具歷史意義的承諾而願意投入社區公益活動。這個實驗的對象，將是那些覺得他們的日常工作與公司價值觀嚴重脫節的員工。這項實驗要測試的對象並非一般顧客，而是**早期採用者**（early adopters）——對產品表現出最有需求的顧客，這些顧客比較能原諒錯誤，而且會非常積極地提供回應。

接著，利用一個我稱為**親自服務式最小可行產品**（concierge minimum viable product）的技巧（會在第六章中詳述），卡洛琳可以確保首批參與者能獲得與其願景完全一致的良好經驗。卡洛琳的目標是評估員工的實際作為，這是小組訪談無法做到的，例如，有多少首次志願者完成了他們的任務？其中有多少人繼續參與？又有多少人會願意帶其他同事一同來參加下次的志工活動？

根據初步獲得的回應與實驗結果，我們可以發展出更多的實驗。例如，如果成長模式要求一定比例的參與者和其他同事分享他們的經驗，我們可以對這個計畫可行的程度進行測試，即使樣本數很小也沒有問題。如果有十個人參加了第一次實驗，我們應該期望有多少人會願意參加下一次的活動？如果我們要求他們邀請另一位同事來參加，有多少人會願意這樣做？不要忘了，這些人都是公司中帶頭的參與者，從他們身上獲得最多的訊息原本就是意料中事。

萬一，這十個帶頭參與者都不願意再參加以後的公益活動了呢？那就會是一個非常負面的結果。如果實驗得出的數據不樂觀，就表示策略有問題，並不表示應該放棄，反之，必須立刻徵詢如何能改善這個計畫。這類實驗優於傳統市調的地方在於，我們無須重新進行調查，或尋找新的實驗對象，就已經有一群人可以諮詢，而且也掌握了他們的行為訊息，就是第一次實驗的參與者。

整個實驗只需數週就可完成，是傳統策略企劃過程的十分之一不到。不過，若整體計畫尚未落實，實驗與策略企劃是可以同步進行的，就算實驗結果與假設不符也不要緊，它反而是有建設性的，可以幫助修正策略的擬訂。例如，倘若員工們因為感受到公司價值觀彼此有所衝突，不願意參加公益活動，而這恰好是企劃中一項重要的假設時怎麼辦？那我要恭喜你：公司軸轉的時間到了（此概念將在第八章中詳述）[3]。

實驗即產品

在精實創業的理念中，一項實驗不僅僅是一個理論的探究，也是一個初步的產品。如果這項實驗或任何其他的實驗成功了，主導人就可以開始進行活動了，例如招募早期採用者、增加後續實驗的工作人手，最後開始製造產品，等產品準備好全面推出時，顧客也早已待命了。實驗可以解決真實狀況下將遭遇的問題，還能提供詳細的產品製造指南，這些指南是根據實驗參與者的回應得出的，它們是以配合市場當時實際的需要為主，不若傳統策略企劃與市調過程偏重未來可行的發展。

我們來看看柯達公司（Kodak）的實例。柯達過去的歷史與相機、軟片密不可分，但是現在另外經營了一個頗具規模的網路事業，名為柯達藝廊（Kodak Gallery）。馬克・庫克（Mark Cook）是柯達藝廊產品部副總，他正在改革柯達藝廊的發展文化，努力朝向實驗創新之路邁進。

馬克表示：「一般來說，我們的產品經理會下這樣的命令：『我就是要這個。』工程師會回應：『收到。』但是現在我要求我的團隊在做任何動作之前，先回答四個問題：

一、消費者知道自己有這個你想幫他們解決的問題嗎？
二、如果這個問題有辦法解決，他們會想買這個產品嗎？
三、他們會向我們購買嗎？
四、我們有辦法解決這個問題嗎？」

產品開發部通常不會去確認消費者到底存不存在這個問題，他們一般直接跳到第四題，逕自把解決方案做出來。例如，柯達藝廊在網路上推出鍍金字體與圖案的結婚喜帖，非常受到準新人的歡迎。在市調與設計的過程中，資料顯示消費者很喜歡這款新卡片，於是工作團隊投入了大量人力，重新將卡片設計成特殊節日的賀卡。

就在推出的前幾天，工作團隊發現在網路上很難呈現卡片的真實樣貌，消費者可能看不出它們的美麗之處，另外，實際印製也有相當的難度。庫克明白，他們的工作順序顛倒了，他表示：「我們不應該在尚未釐清如何銷售及製造產品之前，就冒然進行工程工作。」

經過這次教訓後，庫克改變了作法。為了讓顧客能更輕鬆地在網路上與朋友分享某次場合中拍攝的照片，庫克與他的團隊進行了一組新產品功能的開發，他們認為網路「活動相簿」能

3　我要感謝卡洛琳．巴勒林讓我將我對這個專案的實驗分析放入本書中。

讓參加婚禮、會議或其他聚會的顧客，更容易把相片分享給參加同一個活動的其他朋友。柯達藝廊的活動相簿與其他相片分享服務不同之處，在於它有嚴格的隱私監控，只限參加同一個活動的人瀏覽。

為了告別過去的工作方式，庫克帶領他的團隊嘗試另一個新的工作制度：在製造任何產品之前，都須先確認風險、擬訂主要假設，然後進行實驗驗證。

活動相簿計畫的兩大假設為：一、首先，假設顧客會希望開設網路相簿。二、假設參加活動的人會將活動照片上載到朋友或同事開設的活動相簿內。

柯達藝廊團隊做了一個簡陋的活動相簿雛型，許多該有的主要功能它都沒有，工作團隊甚至不願意讓顧客看到，但是，在企劃初期讓顧客使用雛型產品，可以給工作團隊一個扳倒假設的機會。首先，開設一個網路相簿沒有工作人員想像中的那麼簡單：**沒有一個**率先使用這項服務的顧客做得出來。再者，顧客抱怨這個雛型產品欠缺太多功能。

這些負面的結果讓人感到洩氣，使用上的難度、顧客抱怨功能不齊全等，都讓工作團隊深感挫折，但是其實很多結果與當初的預測是相符的。庫克解釋，儘管產品功能不全，並不代表這項行動失敗，因為這個錯誤百出的雛型產品，證明了顧客的確有開設網路相簿的意願，這是非常有價值的訊息。至於顧客埋怨產品欠缺某些功能，表示工作的方向是正確的，而且得到證據證明這些功能對顧客來說是重要的。至於那些顧客沒有抱怨卻在設定之內的功能又如何呢？

也許這些功能並沒有當初想像中的那麼重要。

工作團隊不斷地推出測試版本，不斷地學習。當率先使用產品的顧客玩得興高采烈，人數也令人滿意之際，他們透過網路調查工具KISSinsights，得到了一個重大的發現。他們發覺顧客希望能先整理好相片的順序，然後才邀請朋友們上來貢獻他們的相片。庫克明白推出產品的時機尚未成熟，於是請部門主管將工作暫緩，他向他們解釋，在行銷活動開跑前還須要進行更多的重複實驗，未來才能獲得更好的成果。一般來說，行銷活動會在產品推出前數月就開始進行，像這樣等到工作團隊把問題完全解決之後才做宣傳，大概是史無前例。

柯達藝廊過去都是等到工作完成之後，才會對員工的表現做評估，但是這次經驗大大地改變了他們。正如庫克所說：「發明一項產品功能不能算是成功，學會解決顧客的問題才算成功。」[4]

鄉村洗衣公司

在印度，由於洗衣機價格十分昂貴，大約只有不到百分之七的人擁有洗衣機，一般老百姓

4　柯達藝廊的資訊來自莎拉・萊斯利（Sara Leslie）所做的採訪。

都自己手洗衣物，或請洗衣工代勞。洗衣工通常會把衣服拿到河邊用河水清洗，並把衣服用力在石頭上甩打以求潔淨，洗完後晾乾，這通常要花上二至七天的時間。結果呢？衣服再送回顧客家中已是十天後的事，而且大概不會洗得太乾淨。

阿克沙．梅拉（Akshay Mehra）在新加坡寶鹼公司（Procter & Gamble）工作了八年後，看到了一個機會。在他擔任印度與東南亞國家聯盟汰漬（Tide）與潘婷（Pantene）品牌經理的期間，他開始思考提供平價洗衣服務給那些付不起洗衣費的窮人。回到印度後，阿克沙加入了創新見解創投企業（Innosight Ventures）成立的鄉村洗衣公司（Village Laundry Services，簡稱 VLS），開始了一連串測試其事業假設的實驗。

鄉村洗衣公司的第一個實驗，找來了一輛小卡車，上面綁了一台一般家庭使用的洗衣機，停靠在班加羅爾市（Bangalore）的一處街角。這個實驗的總花費不到八千美元，目的只為了證明人們會願意付錢把他們的衣物拿來清洗。卡車上的洗衣機當然不是用來洗顧客送來的衣服，那只是行銷的噱頭，衣服會送到別處清洗，然後在當天下班前交還給顧客。

鄉村洗衣公司的實驗持續了一週，卡車每天停在不同的街角，積極尋找有可能成為他們顧客的消費者。他們想知道如何才能吸引人們前來：洗衣速度快慢重不重要？洗得乾不乾淨重不重要？顧客把衣物交給他們的時候要求的是什麼？他們發現顧客很高興地把衣服交給他們清洗，但是對於綁在卡車後面的洗衣機感到不解，擔心鄉村洗衣公司拿了衣服之後會跑路。為了解除這個疑慮，鄉村洗衣公司特別設計了一個貌似涼亭、且較為實用的活動載貨車。

鄉村洗衣公司還試著將載貨車停在當地一家連鎖小超市的門口。重複的實驗幫助鄉村洗衣公司找出了顧客最有興趣的服務，以及他們願意支付的金額。他們發現顧客希望他們可以同時提供熨燙的服務，而且，如果可以在四小時內拿回衣物，他們願意付雙倍的價錢。

進行了這些實驗後，鄉村洗衣公司最後決定設計一個三呎寬、四呎長的活動涼亭，備有一台節能的家庭式洗衣機、一台乾衣機及超長的延長線，他們使用西方品牌的洗衣粉，並且每天運載清潔用水過來清洗衣物。

從此，鄉村洗衣公司開始大幅成長，現在在班加羅爾、邁索爾（Mysore）及孟買（Mumbai）三地擁有十四個服務站。現任鄉村洗衣公司首席執行長的阿克沙・梅拉告訴我：「我們在二〇一〇年為顧客清洗了總共十一萬六千公斤的衣物（二〇〇九年時為三萬零六百公斤），其中約有百分之六十是回頭生意。在過去一年內，我們全部的服務據點服務了超過一萬名顧客。」[5]

---

5 鄉村洗衣公司的故事由創新見解創投公司前僱員艾爾諾・羅仁拉特（Elnor Rozenrot）敘述，其他細節則由阿克沙・梅拉提供。想瞭解更多關於鄉村洗衣公司的資訊，請至哈佛商業週刊（*Harvard Business Review*）網站瀏覽：http://hbr.org/2011/01/new-business-models-in-emerging-markets/ar/1，或媒體報導網站 http://economictimes.indiatimes.com/news/news-by-company/corporate-trends/village-laundry-services-takes-on-the-dhobi/articleshow/5325032.cms。

在政府部門裡成立精實初創事業？

二〇一〇年七月二十一日，美國總統歐巴馬（Barack Obama）簽署通過了一項名為《多德—法蘭克華爾街改革與消費者權益法》（Dodd-Frank Wall Street Reform and Consumer Protection Act，簡稱CFPB）的提案，其中一條代表性的條款是成立一個名為消費者聯邦保護局（Consumer Federal Protection Bureau）的新部門，旨在保護消費者免受金融服務機構，例如信用卡公司、學生貸款公司、薪資貸款公司等的剝削。為了推行這項政策，相關人員決定成立一個有專員直接接聽民眾電話的申訴中心。

一個被授以發展自主權的的新政府部門，大概會將可觀的撥款用於聘請大量的工作人員、擬訂一個昂貴又費時的計畫。但是，消費者聯邦保護局希望有別於以往。暫且撇開五億美元的預算與高調的背景不談，消費者聯邦保護局符合了一個初創事業的基本條件。

歐巴馬總統指派了一個任務給他的首席科技長阿尼許．柯波拉（Aneesh Chopra），要他搜集有關設立這個新初創部門的想法，這也是我會參與這個項目的原因。在一次訪問矽谷的行程中，柯波拉向幾位創業家徵詢如何在新部門裡培養初創的精神，他特別著重在如何利用科技與創新，來建造一個更有效率、更具經濟效益、更完備的新部門。

我所提出的建議直接源自本章原則，那就是：將消費者聯邦保護局看作一項實驗，勿把計畫中的組成元素當作既定事實，而應視為假設，以及找出測試假設的方法。藉由這些觀點，我們便能做出一個最小可行產品，這個新部門就可以在計畫正式實施前，以小規模的方式嘗試運行。

計畫中的第一個假設是，當民眾得知遇到金融詐欺或濫權可以致電消費者聯邦保護局求助時，必定會有大量的人致電。調查顯示，美國金融詐欺案每年不斷地增加，因此這個假設聽起來十分合理。但是，任憑有再多的調查支持，它始終只是一個假設，倘若實際來電數量明顯比預期來得少，這個假設就有修改的必要。是不是因為有些遭遇金融弊端問題的美國人並不認為自己是受害者，所以不會尋求協助？是不是人們對每個問題的嚴重性都有不同的看法？如果民眾須要幫助的問題在該部門的權限之外又當如何？

在新部門正式成立後、開始使用五億美元的預算、聘用大批工作人員之後，要修改計畫就得付出相當的成本與時間。為何要花時間等待民眾的反應呢？新部門可以利用一個能夠快速架設完成的新型低成本通訊平台——Twilio——設立一個簡單的申訴專線，將民眾可能遇到的金融問題輸入成簡單的語音提示，供民眾選擇，前後只須花費數小時的時間。初版的金融問題可以從現有的調查報告中選擇，而語音導引也可暫代真人來提供民眾如何解決問題的實用資訊。

企劃初期，新部門無須發動全國性的行銷宣傳，只須選定一個小區域進行實驗，例如市區內的某幾條道路。這個實驗也不須購買昂貴的電視或電台廣告昭告天下，只要選擇具有高度集中性的廣告方式即可，例如將傳單貼在社區公佈欄裡、涵蓋那幾條街的地區報紙廣告或可以指定對象的網路廣告等，都是不錯的開始。由於目標區域很小，他們可以多花點錢在該地區多做宣傳，創造高認知度，即使如此，總花費還是很少。

解決金融弊端需要完善的措施，與五億美元可以做到的事相比，這個簡單的申訴專線顯得非常地不足，但是換個角度看，它的成本是低廉的，而且在數天或數週內就可以準備好，整個實驗成本只需要數千美元。

我們從這個實驗獲得的資訊是無價的。從最先打電話進來的民眾口中，新部門馬上可以瞭解到民眾遇到了哪些問題，而不是他們「應該」會有的問題。他們可以開始對行銷訊息進行測試：民眾為什麼打電話進來？他們可以開始對真實世界的趨勢做推斷：目標地區有多少百分比的民眾打了電話？推斷不可能完全正確，但是它確認出來的基本行為會比市調來得正確許多。最重要的是，這個產品如同一顆種子，可以發芽成長為一項縝密完善的服務，新部門可以從這個基礎開始，持續進行改善的工作，過程也許緩慢，但是絕對能發展出更多的解決方案。接著，申訴專線可以進行專員的聘請，一開始最好只處理某一類別的問題，這樣可以提高專員勝任工作的機率。在正式計畫底定付諸實行之前，這個申訴專線就是真實版可以參考的範本。

消費者聯邦保護局的成立工作才剛起步，但是已經看得出他們打算使用實驗的方式法來推展工作。例如，他們初步的行動並非在限定的地區內做宣傳，而是先根據使用案例，將金融產品做一個分類，他們從信用卡開始，將金融產品作初步的排序。當他們開始進行第一項實驗時，他們也同時有機會對所有其他的抱怨與消費者回應做嚴密的監測。這些資料將影響到未來提供給消費者的服務的深度、廣度與順序。

消費者聯邦保護局首席科技長大衛・佛瑞斯特（David Forrest）告訴我：「我們的目標是希望提供美國人民一個便捷的窗口，讓我們瞭解金融市場上存在哪些問題，然後對他們申訴的事件進行密切監視，並且能夠對新情報做出必要的反應。」[6]

* * *

本書中引述的創業家及企業主管們，都是十分睿智、有能力、極端結果導向的人，他們大部分都正在籌組一個新組織，使用的管理思維也都是現時最受推崇的，不過不論是公有還是私有企業，也不論是哪一個產業，他們都面臨了相同的挑戰。我們也看到，即使在世界上名列前

6 想了解更多消費者聯邦保護局早期的工作，請參閱二〇一一年四月十三日《華爾街日報》（*Wall Street Journal*）名為〈投訴請勿撥打消費者聯邦保護局〉一文：http://online.wsj.com/article/SB10001424052748703551304576260772357440148.html。許多政府公職人員正遵照歐巴瑪總統的指示，努力進行這項實驗性工作。我要感謝阿尼許・柯波拉、克里斯・維恩（Chris Vein）、陶德・派克（Todd Park）及大衛・佛瑞斯特（David Forrest），讓我有機會接觸這些史無前例的工作。

茅的大企業裡工作的主管們，無論經驗再豐富，同樣對於如何有系統地開發、推出創新產品費盡思量。

目前一般人普遍使用的管理思維都主張先訂定一套詳盡的計畫，因此，創業家們最大的挑戰在於如何打破這些舊有的成見。請記住，企劃只是一項工具，它只能在經過長時間的考驗、穩定成長的經營體系裡發揮作用，但是，有人覺得我們身處的世界一天比一天穩定嗎？要改變這類根深蒂固的想法是困難的，對於想要成功的初創事業而言卻是必須的。我希望本書能幫助企業管理人及創業家們做到這樣的改變。

第二階段

駕馭

steer

夢想家如何進化成駕馭者

從本質上來說，初創事業或新創投事業，是將想法轉化成實際產品的催化劑。顧客與產品互動後，會產生反應、傳達出訊息。顧客的反應可分為質的反應（例如他們喜歡什麼、不喜歡什麼）與量的反應（例如有多少使用者認為產品很有價值）。我們在第一章中提到，初創事業創造出來的產品其實是實驗品，學習如何製造出永續經營的產品，才是這些實驗真正的結果。對初創事業來說，資訊遠比金錢、獎項或媒體報導來得重要，因為它會直接影響、改變下一組發展構想。

接下來，我們要用一個簡單的圖表呈現一個三步驟的過程：

這個「開發—評估—學習」的循環機制是精實創業模式的核心，我們

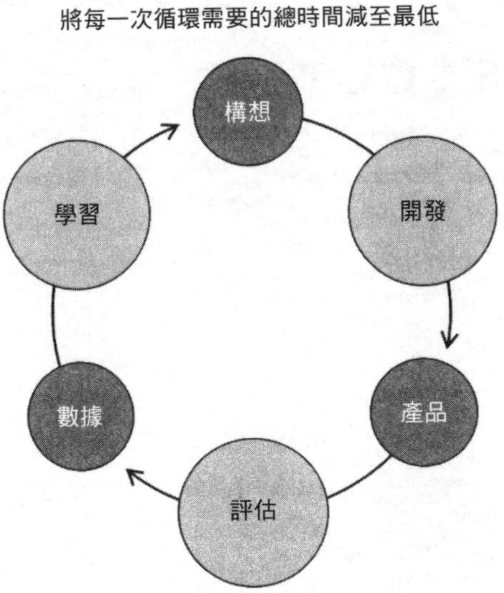

圖六　「開發—評估—學習」循環機制

會在第二階段裡做更詳盡的解說。

很多人接受的專業訓練只強調這個循環機制中的一項，例如，工程師要盡可能有效率地開發產品，有些企業管理人非常擅於在白板上做策略企劃與學習等。很多創業家把工作重點放在單獨的名詞上：發想出最好的產品構想、設計出最佳的雛型產品或鑽研數據與圖表等。事實是，以上沒有一項工作對創業家來說是重要的，我們的工作重點應該是將每一次循環所需的**總**時間減至最低。這是駕馭初創事業的精髓所在，也是本書第二階段的主旨。我會帶領大家完整地走一圈「開發—評估—學習」循環機制，逐步詳細解說其中的每一個組成元素。

本書第一階段的目的，是要讓讀者瞭解學習作為一個初創事業里程碑評估工具的重要性。我希望大家都已經非常清楚，將精力用在得到驗證後的學習心得上，可以避免讓很多初創事業頭痛的浪費問題。在精實製造理念中，學會在何時何地投入心力，是節省時間與金錢的不二法門。

要在初創事業中應用科學方法之前，我們必須先擬好實驗要測試的假設。由於假設是一切工作的基礎，故我將這個環節視作初創事業計畫中最危險的部分，我稱之為**絕對信念**假設，而其中最重要的兩類假設為價值假設與成長假設，它們負責激發控制初創發展引擎的微調變數。初創事業每重複一項實驗，就如同試著重新發動引擎，一旦引擎發動了，過程就會不斷重複，不斷換檔加速。

一旦絕對信念假設得出結論，接下來就是盡快進入開發（Build）的階段，生產最小可行產品。所謂最小可行產品，是用最少的力氣和最少的時間製造出來、能夠走完「開發—評估—學習」循環週期的產品，它缺少許多正式產品需要的重要功能。然而，製造最小可行產品在某些方面得花上一些額外的心力：它必須是可以接受測量的。例如，一個只能由工程師或設計師評估其內在品質的雛型產品，不能稱為最小可行產品，最小可行產品必須是可以供潛在顧客使用、可以測量顧客反應的產品，某些情況下，還必須是能夠銷售的，我們會在之後的章節裡提到。

進入評估（Measure）階段之後，最大的挑戰是確定產品開發的努力是否讓公司有所成長。請記住，如果我們製造出的是一個沒有人想要的產品，就算它在預訂的時間與預算內完成，也都是徒然。為了評估我們在調整引擎上所做的努力是否開花結果，我建議使用一個我稱之為**創新審核**（innovation accounting）的度量法，它同時也可用來設定學習里程碑，取代傳統界定的商業或產品里程碑。學習里程碑是一項可以正確、客觀評估公司發展的工具，對創業家來說非常有用，對企業主管與投資人來說，也是一個可以讓創業家盡心盡力的無價之寶。然而，並非所有的指標都是依據同樣的標準訂定的，在第七章中，我會將使用**虛榮指標**（vanity metrics）的危險性與使用**行動指標**（actionable metrics）——利用創新審核理念分析顧客行為——的具體好處，做一番透徹的比較。

最後，也是最重要的部分，稱為軸轉。在走完「開發—評估—學習」循環機制後，我們就會面臨創業家最難以決定的問題：「公司該軸轉，還是該堅持原來的策略。」倘若我們發現我們所做的其中一項假設是錯誤的，那就應該快刀斬亂麻，重新設定一個新的策略假設。

精實創業法可以讓企業變得更具經濟效益，因為它能幫助初創事業確認何時該進行軸轉，大大減少了時間與金錢的浪費。雖然我們的循環機制「開發—評估—學習」是以活動進行的順序為名，實際的企劃方向卻是相反的：我們要先確認我們須要學些什麼，利用創新審核法確認我們須要評估什麼，才能得知我們是否獲得了驗證後的學習心得，然後再確認應該開發什麼樣的產品來進行實驗、做出評估。本書第二階段將要告訴你，如何才能將每一次「開發—評估—學習」循環的總時間減至最低。

五

假設

策略立足於假設之上，策略在初創事業裡扮演的角色，是幫助創業家找出對的問題來回答；而策略的決定則必須建基在對顧客的第一手瞭解上。

〈關鍵概念〉

- **類比與逆對數**
- **現地現物**
- **價值假設**
- **顧客原型**
- **成長假設**

二〇〇四年，三個大學二年級生，帶著他們還沒真正見過世面的社群網站來到矽谷。當時已經有幾所大學在使用他們開發出來的社群網站，但是它既不是市場上最受歡迎的，也不是第一個出現的大學社群網站，其他公司早在他們之前，就已經推出功能較多的版本。十五萬個註冊用戶為他們帶來的利潤十分有限，不過，就在那年暑假，他們向創投業者募得了第一筆五十萬美元的資金，不到一年，他們又募得了一千兩百七十萬美元。

你一定知道我所說的這三個大學二年級生，就是Facebook的馬克・祖克柏（Mark Zuckerberg）、達斯汀・莫斯科維茲（Dustin Moskovitz）與克里斯・休斯（Chris Hughes），他們的故事全球皆知，許多事件也都非常著名。不過，在這裡我想要著眼在一件事上：「一個實際用處如此之小的Facebook，憑什麼募得這麼多的創投資金。[1]」

根據各方說法，Facebook當時最讓投資人感到驚艷的有兩個地方：一是Facebook主要用戶在網站上花費的時間總數，有超過一半的用戶每天都會回到這個網站[2]。這個例子說明了一家公司如何驗證它的價值假設——確認顧客認為產品有價值；Facebook第二個讓人驚訝的地方，是它當時在頭幾所大學裡驚人的占有率：Facebook於二〇〇四年二月四日推出，完全沒有花費任何一毛錢進行廣告行銷，到了月底，哈佛大學已經有超過四分之三的大學生在使用它。換言之，Facebook也驗證了它的成長假設。這兩個假設代表了初創事業要面對的兩個最重要的絕對信念的問題[3]。

與此同時，我也聽到許多人批評Facebook的早期投資者，認為Facebook「不具任何商業模式」，微薄的收入也反應不出投資人對Facebook的高度評價。投資人認為Facebook是達康（dot-com）時代的中興——收入微薄的公司募得巨額資金，用以執行「吸引目光」及「迅速壯大」的發展策略。許多達康時期的初創公司，發展至後期都想將其吸引到的目光賣給另一家廣告主，藉此創造利潤。事實上，這些失敗的達康公司無非只是一些掮客，花錢成功買到顧客的注意後，再把這些顧客轉賣給他人。Facebook與他們不同，因為它使用了成長引擎，完全沒有花錢吸引

---

1 源自哥倫比亞大學的哥倫比亞大學社群（CU Community）即為開先河的一例，見http://www.slate.com/id/2269131/。Facebook創立資訊摘自大衛．寇克派崔克（David Kirkpatrick）所著的《Facebook效應》（*The Facebook Effect*）。

2 二○○四年的實際數字已不可考，但是這個模式一直不斷在Facebook的公開文件中出現。例如，克里斯．休斯（Chris Hughes）在二○○五年的報告中指出：「每天有百分之六的人登入，約百分之八十五的人每週至少登入一次，百分之九十三的人每月至少登入一次。」請見http://techcrunch.com/2005/09/07/85-of-college-students-use-facebook/。

3 Kleiner Perkins Caufield & Byers創投公司前職員與現任合夥人藍迪．科米薩（Randy Komisar）讓我第一次聽到絕對信念一詞應用在初創事業假設中。他在與約翰．穆林斯（John Mullins）合著的《B計畫》（*Getting to Plan B*）一書中，對此概念有詳盡的解釋。

顧客，而且它的高人氣代表了它每天都在累積大量用戶的關注，而且他們也不曾想過用戶的注意力可以吸引廣告主這個問題，問題在廣告主願意付多少廣告費。

有許多創業者都想成為Facebook第二，企圖仿傚Facebook及其他著名創業故事的成功模式，但是沒多久就無所適從：Facebook的例子是否告訴我們，創業初期不應該向顧客收取費用？又或者初創事業是否絕對不可花錢做行銷活動？這些問題都不能用抽象的概念回答，每一種技法都有無數個反證可舉。相反地，我們在第一階段裡談過，初創公司應該進行實驗，藉此確認哪些作法在他們特殊的環境裡是有效的。策略在初創事業裡扮演的角色，是幫助創業家找出對的問題來回答。

策略立足於假設上

每一項商業企劃都是從假設出發的，列出的策略都把假設當成已知的事實，然後直接提出如何達成公司的願景。由於假設未經過驗證（假設始終只是假設），而且其實很多都是錯誤的，因此，初創公司初期的目標應該是盡快對假設進行測試。

傳統商業策略最擅長的，是幫助企業管理人針對特定事業訂出明確的假設。創業家面對的第一個挑戰，是成立一個能夠有系統測試這些假設的組織；第二個挑戰則適用於所有創業情況，那就是如何持續不斷地進行實驗，又能保持公司整體願景的完整。

一般商業企劃所做的假設都平平無奇，不是產業過去經驗裡已經得出的事實，就是這些事實的直接刪減版。從Facebook的例子可以看出，廣告主願意花錢購買顧客的注意力。在這些平凡細節的背後，隱藏著一些需要勇氣、並且板著臉孔才說得出口的假設，例如，「我們認為顧客很渴望使用我們的產品」，或者「我們認為超市會願意販售我們的產品」等。把這些假設說得跟真的似的，是創業家典型的超能力。為什麼這些假設被稱為絕對信念，是因為整個企業的成敗完全操在它們手裡，如果假設是事實，那恭喜你，成功在望了，如果假設是錯誤的，你可能落個滿盤皆輸。

大部分的絕對信念假設都是採用類推法，我記得有一個商業企劃案的假設是這麼寫的：「漸進式圖像加載技術的發明，讓人們得以使用電話撥號上網，因此，我們的漸進繪圖技術也可以讓我們的產品在低檔的個人電腦上使用。」你可能不瞭解什麼是漸進式圖像加載技術或繪圖技術，沒有關係，只要你能明白這個假設就行了（或許你就曾經做過這樣的假設）：

X技術因為擁有Z功能，所以能在Y市場上成功。我們現在開發出的新X2技術，同樣擁有Z功能，所以也能在Y2市場上成功。

這項類推的問題在於，它混淆了絕對信念假設的真意，不過這也是它的目的：讓這個事業看起來不那麼危險。它是用來說服投資人、員工及合作夥伴簽約用的。如果他們的絕對信念假設像以下所寫的，那些創業家們大概會鬥志全失：

很多人都希望使用全球資訊網，他們都知道那是什麼，也付得起使用費，卻不得其門而入，因為圖像載入的速度太慢，時間花費太久。漸進式圖像加載技術的發明讓人們得以使用全球資訊網，還會告知親友有關全球資訊網的訊息。因此，X公司贏得了Y市場。

同樣地，市場上已經有很多消費者希望能馬上使用我們的產品，他們十分需要這個產品，也買得起，但是沒辦法使用它，因為他們的電腦繪圖速度太慢了。一旦我們推出漸進式繪圖技術產品，消費者一定會爭相搶購，並且告知親朋好友，我們就能贏得Y2市場。

在這個改編過的版本裡有幾個問題要注意。首先，它必須明確地點出事實。漸進式圖像加載技術真的是人們廣泛使用全球資訊網的原因嗎？還是它只是眾多原因之一而已？更重要的是，市場上真的有那麼多消費者迫不及待地等著使用我們的產品嗎？原假設的說法是為了說服初創事業的利益關係人，公司第一步必須先開發新科技，然後觀察消費者是否會使用它。改編後的假設應該先清楚說明實際測試須要準備些什麼，看看是否真的有那麼多飢渴的消費者等著擁抱我們的新產品。

類比與逆對數

從本質上來說，將自己的策略與其他公司或產業的策略作比較，並沒有什麼不對。事實上，這個作法還可幫助你發現哪些假設不是絕對信念假設。例如，創投業者藍迪・科米薩（Randy Komisar）在他詳釋絕對信念假設概念的著作《B計畫》（*Getting to Plan B*）中，告訴讀者如何利用類比（analogs）與逆對數（antilogs）的架構來發展策略。

他舉出iPod的例子解釋類比與逆對數的概念。「如果你尋找的是類比，那你需要看的是隨身聽。」他表示：「它回答了一個史蒂夫・賈伯斯（Steve Jobs）不需要問自己的問題：消費者願意在公共場所使用耳機聽音樂嗎？這個問題現在聽起來似乎很可笑，卻十分關鍵。當年Sony提出這個問題還沒有答案，但是史蒂夫・賈伯斯在這個類比（的版本）裡找到了（答案）。」Sony推出的隨身聽是類比。賈伯斯面對的問題是，消費者願意下載音樂，卻不願意付費。「Napster（前美國音樂共享服務公司）是逆對數，這個逆對數引領賈伯斯用另一種方式發展事業。」科米薩如是說：「在這些類比與逆對數中產生了一連串特殊、無人能解的問題。如果我是這個行業的創業家，這些就是我要面對的絕對信念假設，他們不是成就、就是毀滅我的事業。『消費者願意付費購買音樂』是iPod絕對信念的其中一項假設。」當然，日後證明了這個絕對信念的假設是正確的[4]。

許多身價百萬的著名創業家看似占盡了天時地利，但是有數不清的其他創業家也都曾經與他們摩肩接踵地存在於同一個時空裡，最終卻失敗了。二十世紀初，約有五百個創業家追隨了亨利．福特的腳步。試想，一個接受過最先進工程技術訓練的汽車創業家，身處於有史以來最大商機之一的時代裡，是什麼樣的感受，結果大部分的人都未能在這個時代中獲利[5]。Facebook早期面對其他領先的大學社群網站的競爭時，也有類似的現象，事後證明先跑未必能贏得勝利。

成功與失敗的例子之間的差異在於，成功的創業家都擁有遠見、能力及有用的輔助工具，這些工具是用來發現計畫中哪些部分發展出色、哪些策略被誤導必須予以修正。

「天時地利」以外

價值假設與成長假設

我們在Facebook的例子中看到兩個凌駕於其他假設之上的絕對信念假設：價值假設與成長假設。在瞭解一項產品或服務的過程中，首先必須確認，它究竟是創造價值抑或毀滅價值。我之所以使用經濟學用語「價值」取代「利潤」一詞的原因是，創業家包括了非營利機構的創辦人、新公共事業體籌組人，以及不單以利潤論成敗的企業內部改革者。令人困惑的是，有許多組織在短期內瘋狂獲利，最後卻成了價值終結者，例如龐氏騙局（Ponzi schemes，俗稱老鼠會），或其他詐騙或誤入歧途的企業，例如恩隆（Enron）、雷曼兄弟（Lehman Brothers）等。

成長假設亦然，創業家也必須瞭解其初創事業成長背後的原因，學會避免許多毀滅價值的成長。例如，有些企業是靠著不斷向投資人募款、購買許多廣告而成長的，卻沒有開發出任何可以創造價值的產品。

此類企業致力發展的是我所謂的「成功戲院」——披上成長的外衣而給人成功的錯覺。我們將在第七章中探討的創新審核法，其目的之一就是為了幫助人們區分假初創事業與真初創事業。傳統評估法在評估新創事業與既存企業時，都使用同樣的標準，但是這些標準並不能準確預測初創事業未來的前途。例如，誰能料到初期虧損累累的Amazon.com，能一路走出而至今日空前的成功。

---

4 http://www.forbes.com/2009/09/17/venture-capital-ipod-intelligent-technology-komisar.html。

5 「汽車製造先驅查爾斯・杜瑞亞（Charles Duryea）為《汽車》（*Motor*）雜誌整理的一個經過詳細調查的表格指出，從一九〇〇年至一九〇八年間，美國出現了五百零一家汽車製造公司，其中有百分之六十兩年內就關門大吉，百分之六轉型生產其他產品。」這段話出自史蒂芬・華茲（Steven Watts）所著的福特傳記《人民大亨：亨利・福特與世紀美國》（*The People's Tycoon: Henry Ford and the American Century*）。

創新審核法與傳統評估法的共通處在於，他們都要求初創事業建立並維持一個量化的財務模式，用來對公司的發展進行嚴格的評估。然而，初創事業在成立初期並沒有足夠的數字能夠幫助他們創造這個財務模式。初創事業早期的策略計畫大概都是憑直覺擬訂的，不過這是好事，為了培養將直覺轉化成數據的能力，創業家應該像史蒂夫·布蘭克的名言所建議：「從辦公室出走。」然後開始學習。

現地現物

豐田汽車強調，策略的決定必須建基在對顧客的第一手瞭解上，這是豐田生產方式的核心原則之一。在豐田，大家都以日文「現地現物」(Genchi Gembutsu)來概括這個原則，它是精實製造術語中最重要的詞彙之一。在英語中，它經常被翻譯成一句指令：「出去直接體驗。」如此，商業決策才能建立在紮實的第一手資料的基礎上。傑佛瑞·萊克(Jeffrey Liker)搜集了大量「豐田模式」(Toyota Way)的資料，他解釋：

在我採訪豐田汽車公司時，每當我問道，是什麼讓豐田模式有別於其他的管理方式，不論是製造部、產品開發部、業務部、經銷部或公共事務部，最常聽到的第一個反應就是「現地現物」。除非你親自去體驗，否則你是無法瞭解企業裡存在的任何問題。絕對不可以把任何事視為理所當然，也不可以倚賴其他人提出的報告。[6]

讓我們來看看豐田Sienna休旅車二〇〇四年款的開發過程。在豐田，負責新款汽車設計與開發工作的主管，稱為首席工程師，他是一個跨功能的領導人，負責監督從構想開始到生產完成的整個過程。橫谷裕二（Yuji Yokoya）是二〇〇四年款Sienna休旅車開發工作的總負責人，但是他在Sienna休旅車的主要市場北美洲，並沒有太多的工作經驗。為了找出改良Sienna的方法，他提出了一個大膽的創業型作法：駕車橫跨全美五十州、加拿大十三省，以及墨西哥全境。他總共駕駛了五萬三千英哩，穿過小鎮，也越過了大城市。橫谷租了一輛當時市場上銷售的Sienna車款，駕著它四處與實際消費者攀談，觀察他們的反應。消化了搜集到的第一手觀察資料後，橫谷可以開始對他所擬出的重要假設進行實驗，找出北美消費者對休旅車的實際需求。

一般人可能會認為，賣東西給消費者會比賣東西給公司行號來得容易，因為公司行號在購買的過程中，經常會牽涉到多個不同的部門以及不同角色的負責人，消費者就沒有這個問題。但是橫谷發覺他的顧客不一樣：「休旅車也許是父母或祖父母買的，大權卻掌控在孩子們的手

6 摘自傑佛瑞・萊克（Jeffrey Liker）所著《豐田模式》（*The Toyota Way*, 2003），第223頁。

裡，車子後面三分之二的空間是屬於孩子們的，因此，孩子才是最重要的消費者，而且也是對身邊的環境最有感受力的人。我想我在旅程中學到的，就是新款Sienna必須要贏得孩子們的喜愛。」[7]確定假設有助於引導汽車的開發工作，例如，橫谷花了令人側目的預算在設計舒適的內部空間上，這一點對一個開車長途旅行的家庭來說是很重要的（美國人開車長途旅行的比例比日本人高出很多）。

結果令人非常滿意，Sienna的市場占有率大幅提升，二〇〇四年款Sienna的銷量比二〇〇三年款高出百分之六十。Sienna當然是典型的持續創新型產品，這類產品正是世界大廠豐田最擅長的。創業家面對的是不同的挑戰，因為其事業的不確定性比別人要高出許多。對已經掌握了目標對象與市場的持續創新型產品而言，使用「現地現物」的方式是為了找出消費者真正的需求，初創事業與潛在顧客進行的初步接觸，僅能披露哪些假設必須即刻付諸實驗。

從辦公室出走

數字可以構成一個很有說服力的故事，不過我總是告訴創業家們，數據也是活生生的人。不論一家公司與它的顧客之間有多少媒介，最後真正掏錢出來購買產品的，是那些會呼吸、會思考的顧客。顧客的行為是可以測量的，不過也是會改變的。即使你的銷售對象是大機構，例如企業對企業模式，只要記得這些企業也都是由人組成的，就不會顯得那麼可怕。所有成功的銷售模式眼中所看到的企業，都是由許多不同的個人所組成的。

史蒂夫·布蘭克指導創業人士多年，他強調，想搜集有關顧客、市場、供應商、通路的確實資訊，一定要「從辦公室出走」。初創事業必須與潛在顧客密切接觸，才能真正瞭解他們，所以，現在就從你的椅子上站起來，到外面去認識你的顧客。

這個過程的第一步，是確認你的絕對信念假設是不是從事實出發，顧客是否真的有一個大問題等著你去替他們解決。[8] 史考特·庫克在一九八三年成立英圖伊特時，立下了一個在當時看來十分激進的願景——未來消費者可以使用個人電腦處理帳單和記帳。庫克當初放棄顧問工作而自行創業時，他不像一般人攤開一大堆市調數據與分析資料、在白板上擬作戰計畫，而是拿起了兩本電話簿：一本他居住的加州帕拉阿圖市（Palo Alto）的電話簿，以及一本伊利諾州溫那卡市（Winnetka）的電話簿。

他隨意撥打電話簿裡的電話，詢問民眾他們使用什麼方法管理財務。這些談話是為了要回答這個絕對信念的問題：「人們是否覺得用雙手處理帳務很麻煩？」結果是肯定的，這個答案

---

7 http://www.autofieldguide.com/articles/030302.html。

8 在顧客開發模式中稱為發現顧客（customer discovery）。

讓庫克決定要為消費者找出一個解決的方法。[9]

庫克與民眾的談話並未讓他鑽研產品功能，真的那麼做的話就很笨了，因為當時的消費者對個人電腦還不熟悉，無從瞭解自己是否對使用電腦處理帳務有興趣，而且庫克的談話對象只是一般主流的消費大眾，並非樂於接受新事物的早期採用者。儘管如此，這些談話還是讓庫克發現了一個重要的事實：「如果英圖伊特可以找出解決問題的方法，它的市場將會很龐大。」

顧客原型

與顧客做初步的接觸不是為了要得到確切的答案，而是為了釐清我們是否對潛在顧客及他們遇到的問題有粗淺的基本認識。有了這一層的認識，我們就可以打造一個**顧客原型**（customer archetype）——一個把目標顧客擬人化的簡單描述。這個顧客原型是產品開發的重要指引，同時也用來確保產品開發團隊每日工作的優先順序，以公司目標消費者為考量而定的。

產品設計界經過多年的琢磨，已經發展出許多技巧，可以描繪出精確的顧客原型。互動式設計與設計思維是兩種非常有用的傳統方式，不過諷刺的是，我總是覺得這一類方法的實驗性與重複性太高，它們絕大部分是採用快速原型塑造（rapid prototyping）與實際顧客觀察（in-person customer observations）兩種技巧來引導設計師的工作，但是受到設計公司傳統收費方式的影響，設計出來的成品都被包裝成套發表給客戶。突然之間，快速學習與實驗過程中斷了，因為大家以為設計師已經掌握了所有應該知道的訊息。對於初創事業而言，這個模式完全行不通，因為設計本身是無法對真實產品生產過程中可能遭遇到的複雜性作出預測的。

幸好，新一代設計師正在發展一套名為精實使用體驗（Lean User Experience，簡稱Lean UX）的全新技巧，他們體認到所謂的顧客原型只是一項假設，而不是一個事實。在策略尚未獲得證據——驗證後的學習心得——顯示我們可以持續服務這類顧客之前，設計師設計的顧客簡介都只能視為一項臨時動議。[10]

分析性癱瘓

創業家在進行市場調查與顧客訪談時，一直以來都面臨了兩個危險狀況。做了再說創業派一般沒有耐性花時間分析策略，通常只會隨便找幾個顧客交談，就迫不及待地開始製造產品。很是不幸地，由於顧客並不瞭解自己到底想要什麼，這一派的創業家會因此被蒙蔽，以為自己

9 更多有關英圖伊特成立的資訊，請見蘇珊・泰勒與凱西・許若德的《走進英圖伊特》一書。

10 更多有關精實使用者經驗運動資訊，請至http://www.cooper.com/journal/2011/02/lean_ux_product_stewardship_an.html及http://www.slideshare.net/jgothelflean-ux-getting-out-of-the-deliverables-bsiness。

的路線是正確的。

另一類創業家是「分析性癱瘓」(analysis paralysis)受害者，他們無止盡地分析他們的商業計畫。這種情況，無論是訪問顧客、研讀研究報告或白板作戰，對他們都沒有幫助。大部分創業計畫的一個共通問題，並不是因為他們沒有遵照策略原則行事，而在於他們倚賴的事實基礎是錯誤的。不幸地，這些錯誤無法在白板上被發現，只能在顧客與產品互動時被偵察到。

如果說，過度分析是危險的，但是不會致命，創業家要如何得知何時該停止分析、應該開始製造產品呢？答案是一個稱為最小可行產品的概念，也是本書第六章的主題。

六

測試

「最小可行產品」與雛型產品或產品概念測試不同，它不是用來回答設計或技術上的問題，而是為了要測試重要的商業假設。

〈關鍵概念〉

- **品質與設計在最小可行產品中扮演的角色**
- **製造最小可行產品時的減速丘**

Groupon是歷年來成長最快的公司之一，它的名字結合了團體(group)與折價券(coupon)兩個英文單字。這個事業是一個非常聰明的點子，在社群商務業界造成一股仿傚的風潮，不過它也不是一步登天的。Groupon的第一筆生意完全與改變世界無關，它不過是讓二十個人同時來到它位於芝加哥辦公室樓下的餐廳，點購買一送一的披薩。

其實，Groupon原本不是要走商務路線，創辦人安德魯・梅森(Andrew Mason)一開始的希望，是將公司建設成一個「集體維權平台」，取名為「論點」(The Point)，目的是要聚集群眾的力量，為大家解決他們無法獨力解決的事，例如有意義的籌款或杯葛某一零售商。論點初期獲得的反應令人失望，不過，到了二〇〇八年底，幾個創辦人決定做新的嘗試，他們決定將產品簡化，但是這無損他們原有的雄心壯志。他們做了一個最小可行產品等，這像是一個上億身價的企業所做的事嗎？聽聽梅森怎麼說：

> 我們在WordPress上接手了一個部落格，去蕪存菁後改稱為Groupon，然後我們每天都會在上面發表一個訊息。不瞞你說，它整個是亂七八糟，我們在初版的Groupon上賣T恤，上面寫著：「本T恤紅色、大碼，如果你想要不同的顏色或尺寸，請發電子郵件給我們。」我們根本也沒有表格可以填寫，整個部落格都是隨便拼湊的。
>
> 但是，它卻足夠證明我們的想法，證明大家是喜歡它的。我們真正的折價券都是靠

FileMaker做出來的，我們會寫一個指令，把折價券的PDF檔寄出去。到後來，我們一天之內要賣出五百張壽司折價券，同時把五百張折價券的PDF檔寄給五百個使用Apple Mail的人。說實在的，頭一年的七月之前，我們根本就像在慌亂中抓住了老虎的尾巴般不知所措，但是慢慢地，事情愈來愈有樣子，最後竟然湊成了一個產品。[1]

手製PDF、披薩折價券、一個簡單的部落格，Groupon就憑這三樣東西締造了歷史，它是史上花最短的時間創造十億美元業績的公司，它更顛覆了區域性商業開發新顧客的方式——在全球三百七十五個城市裡提供消費者購物優惠。[2]

* * *

最小可行產品是為了幫助創業家盡快開始學習的過程[3]，它不必是尺寸最小的產品，而是可以讓「開發—評估—學習」循環的時間減至最低、又不費功夫製作的一個產品。

1 http://www.pluggd.in/groupon-story-297/。

2 《華爾街日報》：「Groupon身價六十億美元的賭徒」，請至http://online.wsj.com/article_email/SB10001424052748704828104576021481410635432-lMyQjAxMTAwMDEwODExNDgyWj.html。

反觀傳統的產品開發過程，醞釀期都十分冗長，還必須挖空心思設計盡善盡美的產品功能，而最小可行產品的目的只是為了要啟動學習的過程，而非終結學習的過程，它與雛型產品或產品概念測試不同，它不是用來回答設計或技術上的問題，而是為了要測試重要的商業假設。

為何產品初版不必完美

其實，我們為IMVU向創投業者籌募資金的當下是十分尷尬的。第一，因為我們的產品錯誤百出、品質拙劣；第二，我們引以為傲的成績一點也不驚人。如果說公司的成長呈曲棍球桿圖型是好消息的話，那麼，壞消息就是我們的曲棍球桿也不過甩到每月進帳八千美元的高度罷了，數字低到投資人經常會問：「這些圖表的單位是多少？是以千為單位嗎？」「不，是以一為單位。」我們答道。

雖然如此，這些早期的成績在預測IMVU的未來走向上，扮演了非常重要的角色。我們在第七章中將會談到我們驗證的兩個絕對信念假設：一是IMVU有能力提供價值給客戶；二是我們有一個可發揮作用的成長引擎。初期總收入之所以微小，是因為我們的銷售對象是那些有遠見的早期採用者，而產品在大眾消費市場上推出之前，必須先讓早期採用者使用過才行。這些人是另類消費者，要引起他們的興趣不需要一個完美的產品，他們反而可以接受，或者應該說偏好一個只能解決八成問題的產品。[4]

即使蘋果第一代iPhone沒有複製與粘貼、3G網路、企業電子郵件等功能，科技產品的早期採用者依然排著長龍搶購。「將全球資訊系統化」的Google，當年開發出來的第一代搜尋引擎，只能搜尋像史丹佛大學（Stanford University）或Linux作業系統等特定主題，卻絲毫無損它在早期採用者心中崇高的地位。

---

3 自二〇〇〇年起，就有人使用最小可行產品一詞，代表多個不同產品開發方式的一部分。學術用資訊請見http://www2.cs.uidaho.edu/~billjunk/Publications/DynamicBalance.pdf。PMDI的法蘭克・羅賓森（Frank Robinson）認為最小可行產品是可供銷售給潛在顧客的最少功能產品（http://productdevelopment.com/howitworks/mvp.html），與史蒂夫・布蘭克（Steve Blank）「極簡功能組合」（minimum feature set）概念類似（http://steveblank.com/2010/03/04/perfection-by-subtraction-the-minimum-feature-set/）。我則使用該詞總括任何可以啟動使用「開發—評估—學習」循環機制的學習過程的產品。更多資訊請見http://startuplessonslearned.com/2009/08/minimum-viable-product-guide.html。

4 這個現象已經有許多人使用不同的專有名詞著書立論，最多人閱讀的是傑佛瑞・摩爾（Geoffrey Moore）的《跨越鴻溝》（*Crossing the Chasm*）。另外，艾利克・希珀（Eric Von Hippel）稱之為「帶頭使用者」，著作為《創新來源》（*The Sources of Innovation*），也是一個不錯的研讀起點。史蒂夫・布蘭克創造了早期傳播者（earlyvangelist）一詞，來強調這些早期顧客的傳播者效力。

早期採用者會用他們的想像力填補產品的不足，他們喜歡這樣的狀態，因為他們真正在乎的是成為新產品或新科技的第一個使用者。以消費品來解釋，就好比你是街上第一個穿新籃球鞋、用新音樂播放器或拿新手機的人一樣。用企業角度來解釋，就有如冒險推出競爭對手未開發的新產品或服務而獲得優勢一樣。早期採用者對過於完美的東西會有戒心：「如果大家都對這樣東西躍躍欲試，就算搶得了早期採用者的頭銜又有什麼好處？」因此，附加功能或超過早期採用者需求的產品價值，最後都會變成一種資源與時間的浪費。

有一個事實是很多創業家難以接受的：創業家在心中許下的願景，通常是創造一個可以改變世界的高品質主流產品，而不是一個就算尚未完成、仍有小部分人願意嘗試的產品。改變世界的產品是光鮮的、亮麗的、隨時準備躍上大舞台的，它能橫掃各大商展獎項，最重要的是，它可以讓你的父母為你感到驕傲。反觀一個錯誤百出的雛型產品，不過是一個令人無法接受的折衷物。有誰不是從小被教導做事要全力以赴？最近有一位企業主管這麼對我說：「由於我一直都是個完美主義者，所以最小可行產品讓我覺得有些危險，不過我相信這個危險是正面的。」

最小可行產品的複雜性不一，可以是非常簡單的煙霧測試（廣告和其他類似的活動），也可以是內含問題且功能不足的真實雛型產品。要決定一個最小可行產品的複雜程度並無公式可循，須要的是判斷，好在這種判斷力並不難培養。其實，大部分的創業家和產品開發人員都高估了設計最小可行產品須要投入的精力，如果你不確定應該花多少心力，只要記得一個原則——簡化。

試想，一個提供免費試用一個月的服務，顧客在使用正式服務之前，必須先登記試用。通常我們會假設顧客對服務有所瞭解後，就會登記試用，但是有一個要考慮的問題是，顧客在瞭解服務的某些特性後，真的會登記試用嗎（價值假設）？

該公司商業企劃報表裡的某個小角落裡寫著：「看到免費試用優惠後進行登記的顧客百分比」，我們也許預測百分之十，但是你有沒有想過，這是一個絕對信念的假設，它應該要用粗體紅字標示出來：「**我們預測有百分之十的顧客會登記。**」

大部分創業家處理這個問題的方法是先將產品製造出來，然後觀察顧客對產品的反應。我認為這個作法的方向完全相反了，因為它可能會造成許多不必要的浪費。首先，倘若最後發現我們做出來的產品無人問津，就等於白忙一場，耗損的時間與金錢原本都是可以避免的。再來，如果顧客不登記試用，他們永遠也無法體驗這項服務的好處。就算顧客登記了，還是有許多可以造成浪費的地方，例如，我們要提供多少產品功能才能吸引到早期採用者？如果我們延誤了測試這些功能的時機，每新增一項功能都可能是一個浪費，付出的可是喪失學習機會與拉長週期時間的代價。

最小可行產品的重點為：一項產品功能就算再重要，只要它超出了足夠開始學習的基本需

要，即屬浪費。

以下，我將以實際的精實創業案例，與大家分享幾項製造最小可行產品的技巧，你可以在每一個例子中，看到創業家如何力拒過度製造與過度承諾的誘惑。

「影片式」最小可行產品

祖．休斯頓（Drew Houston）是Dropbox的首席執行長。Dropbox是矽谷一家提供簡易檔案共享服務的科技公司。安裝Dropbox的應用軟體之後，電腦桌面會出現一個資料夾，任何你放入這個資料夾的檔案都會被自動上載到Dropbox雲端，然後立刻複製到你其他的電腦或電子產品中。

該公司是由一群工程師所創立，因為這類產品的開發需要相當的專業技能，例如，它須要整合各種不同的電腦平台與操作系統，像是Windows、麥金塔（Macintosh）、iPhone、Android等。由於牽涉到的是系統較深層的部分，負責整合的工程師必須具備特殊專業知識，才有辦法提供客戶良好的使用經驗。事實上，Dropbox的優勢在於產品設計得天衣無縫，其他競爭者望塵莫及。

你很難把行銷天才的稱號與這群人聯想在一起，因為他們當中沒有任何一個人從事過行銷工作。事實上，他們背後有著名的創投業者在支持，大家很容易期望他們用一般的工程思維去開發他們的事業：產品做出來，顧客就會來。但是，Dropbox選擇了有別於一般的作法。

這群創業家一邊開發產品，一邊尋求顧客的回饋，希望瞭解什麼對顧客來說是最重要的。他們的當務之急，就是測試他們的絕對信念假設：如果我們能夠提供顧客超棒的使用經驗，他們是否會願意試用我們的產品？他們相信，最終也證實了，大部分的人尚未意識到他們有檔案同步處理的問題，但是一旦你試用過解決的方法後，你從此再也離不開它了。

類似這樣的假設問題是無法在小組訪談中得到答案的，顧客通常不會知道他們想要什麼，也很難理解Dropbox到底是什麼產品。休斯頓在籌募創投基金時，就遇到了這樣的窘況。在無數個會議中，投資人解釋，「現有市場」上已經有許多相似的產品，沒有一個能賺錢，而且顧客應該不會認為這是個重要的問題。祖問道：「你曾親自試用過這些所謂的其他產品嗎？」如果業者回答是，他會接著問：「它們用起來順手嗎？」答案幾乎都是否定的。不只如此，在這些會議中，創投業者也無法理解祖的願景中描繪的世界。不過，祖堅信，只要開發出來的軟體能有魔術般的功能，顧客自然會蜂擁而至。

問題是這個軟體不可能用雛型產品來展示，因為它須要克服許多技術上的困難，而且還必須先製作一個具有高可靠性與高使用性的網路服務組件。為了避免開發產品多年後才發現產品沒有人要的風險，祖出人意表地採用了一個非常簡單的方法：製作說明影片。

這支影片只有短短三分鐘，以平鋪直敘的方式說明這項技術的功能，不過值得注意的是，它針對的觀眾是特定的科技早期採用族群。祖親自為這段影片做旁白，在他向觀眾做說明時，觀眾看到的是他的電腦螢幕，當他描述他要同步處理何類檔案時，大家可以看到他的滑鼠在操作他的電腦。如果你稍加留意，你會發現他移動的檔案都是一些早期採用者才能領會的行內笑話和幽默雋語。祖估算：「這段影片吸引了數十萬人上網瀏覽，我們的試用輪候名單一夜之間從五千人躍升至七萬五千人，真是太令人興奮了！」如今，Dropbox是矽谷當紅炸子雞之一，據傳市值已超過十億美元[5]。

在這個案例當中，該段影片即是一項最小可行產品，它驗證了祖的假設：顧客想要使用他所開發的產品，這可不是顧客在訪談小組中做的口頭表示，也不是根據另一相似企業做出的推論，而是經由顧客實際登記試用的行動證實的事實。

「親自服務式」最小可行產品

再來看另一類最小可行產品的技巧：親自服務式最小可行產品。馬紐．羅素（Manuel Rosso）是位於德州奧斯汀市（Austin, Texas）的初創事業「餐桌上的佳餚」（Food on the Table，簡稱FotT）的首席執行長，「餐桌上的佳餚」根據顧客及其家人喜愛的食物，為顧客設計每週的餐單與食材購買清單，然後連線至顧客居住地的食品市場，以最划算的價錢為顧客找到需要的食材。

當你上網登記成為會員後，你須要指明你主要購物的食品市場，並勾選家人愛吃的食物。之後，你可以選擇一家鄰近的商店比價。接著，網站會依照你的喜好列出一張清單，並問：「您這週想吃什麼？」你只要挑出想吃的食物、這週預訂做飯的次數、並選擇你最在意的事項，例如時間、金錢、健康或其他，網站就會根據你的選項，為你選出最適合你的食譜、計算出每一餐的成本，還可以列印出準備好的購物清單[6]。

這無疑是一項十分貼心的服務。這項服務的背後，有一群專業主廚根據全美地區性食品

5 祖表示：「對不經心的觀眾來說，Dropbox的示範影片看起來不過是一般的產品展示，但是其實我們為了Digg新聞網站的觀眾，在裡面放了一打復活節彩蛋。我們提到了泰・尚戴（Tay Zonday）和他的『巧克力雨』，暗示了喜劇《工作空間》（*Office Space*）和網路漫畫XKCD，雖然是半開玩笑，卻引發了連鎖效應。在二十四小時內，有超過一萬人在Digg網站上觀看了這支影片。」（http://answers.oreilly.com/topic/1372-marketing-lessons-from-dropbox-a-qa-with-ceo-drew-houston/）你可以在http://digg.com/software/Google_Drive_killer_coming_from_MIT_Startup看到原始影片及Digg社群的反應。想瞭解更多Dropbox成功的故事，請至http://tech.fortune.cnn.com/2011/03/16/cloud-computing-for-the-rest-of-us/。

6 感謝Lifehacker提供：http://lifehacker.com/5586230/food-on-the-table-builds-menus-and-grocery-lists-based-on-your-familys-preferences。

市場當週的折扣商品來設計食譜，經過電腦程式的配對，這些食譜可以配合每一個家庭不同的需求與喜好。想像這項服務牽涉的範圍：資料庫必須囊括全美所有大小食品市場的資訊，包括每一家店當週的特價品。這些商品資料都必須符合食譜的要求，然後經過適當客製、標籤與分類。試問，食譜裡需要的油菜，與我家附近商店正在促銷的芥蘭菜是可以互換的嗎？

讀過以上的資訊後，再瞭解「餐桌上的佳餚」是從服務一個客戶起家，你可能會感到驚訝。「餐桌上的佳餚」一開始只針對一家食品市場設計食譜，與如今搜尋全美數千家食品市場資訊已不可同日而語。至於它是如何選中第一家食品市場的呢？在第一位客戶登門之前，創辦人根本沒有想過這個問題。同樣地，在他們第一位顧客準備開始企劃菜色之前，他們手上也沒有任何食譜。事實上，該公司服務第一位顧客時，並沒有開發任何軟體，也沒有與其他企業簽訂任何合作協議，更沒有聘請任何廚師。

當年，馬紐與現任公司產品副總裁史蒂夫．山德森（Steve Sanderson），遵循設計思維與其他思維方式的原則，一起到家鄉奧斯汀當地的超市與主婦聯盟市場，觀察消費者的購物情形，除此之外，他們其實還有另一項任務：開發他們的第一位客戶。

他們在這些地點尋找潛在顧客，以優秀的市場研究員會使用的方式與顧客交談，但是在訪問的最後，他們都會試圖推銷他們的產品。他們先向顧客解釋「餐桌上的佳餚」的好處，再告訴他們這項服務每週的使用費，希望他們能登記加入成為會員，但是大部分人都拒絕了，因為這些人都不是市場上所謂的早期採用者，不可能會願意登記使用一個沒見過的服務。不過很幸運地，他們終於找到了一位肯登記的顧客。

這位早期採用者受到了尊榮的會員待遇，她與「餐桌上的佳餚」的互動不是透過非人類的科技軟體，而是首席執行長每週親自登門拜訪。首席執行長與產品副總裁會先查詢這位顧客喜愛的食品市場該週的特價商品，然後根據她的偏好為她仔細選擇食譜，這一切只不過是為了瞭解她最喜愛的食譜中所需的食材。每週「餐桌上的佳餚」都會親手交給她一份他們為她準備的購物清單及相關食譜，並且詢問她的意見，然後依照需要進行修改。最重要的是，他們每週都會向她收取一張九點九五美元的支票。

聽起來這根本是沒有效率的做事方法！若以傳統的標準來衡量，這樣的作業系統簡直糟透了，完全無法評估效果，全然是在浪費時間。這位首席執行長與產品副總裁，不致力於開發事業，卻只是為了一名客戶埋頭苦幹，他們不向廣大的消費市場推銷自己，反而把自己賣給一個客戶。最糟的是，他們的努力看不出來可以獲得任何實質的回報。他們沒有產品、沒有收入、沒有食譜資料庫，更沒有可以維持下去的公司。

然而，從精實創業的角度來看，他們其實已經有了非常關鍵的進展。每週他們都能學到更多讓產品成功的新資訊，不消幾週，他們已經有能力迎接下一位客戶。由於「餐桌上的佳餚」只專注在一家食品市場，他們對該店的產品與客戶類型瞭如指掌，因此，他們每爭取到一個新客戶，就更容易爭取到下一位新客戶。他們對待每一位客戶和對待第一位客戶一樣，都是親自到府服務。不過，隨著客戶人數的增加，這種一對一的服務成本也愈來愈高。

這兩位創辦人直到實在無暇去開發新客戶時，才以產品開發的形式，開始使用辦公室自動化系統。首先，重複最小可行產品的流程，為他們節省了一點時間，開發了幾個新客戶；再來，用電子郵件取代親自到府遞送食譜與購物清單；接著，使用應用軟體自動篩選列出特價商品，不再用人力手寫；最後，將付費方式由支票改為網路信用卡付款。

沒多久，他們的服務就從德州奧斯汀地區向外擴展到全美各地，與此同時，他們的產品開發團隊始終專注在現有可行的產品上，而沒有嘗試去發想一些未來可能會有潛力的新產品。因此，他們在產品開發上造成的浪費現象，要遠比其他同類公司來得小。

在這裡，我們有必要把這個例子與小型企業做一個對照。在小生意裡，首席執行長、總裁或大老闆一次親自服務一位顧客，是司空見慣的事，但是在親自服務式最小可行產品的理念裡，提供顧客量身訂做的服務並不是產品本身，而是公司發展模式裡，一個用來測試絕對信念假設的學習活動。事實上，親自服務式最小可行產品最常得出的結果，是否定公司原先企劃好的發展模式，明白指出公司需要另一套經營方式，即使公司最初設計的最小可行產品帶來了利潤，也有可能出現這樣的結果。很多公司因為沒有確立發展模式，便安於賺取小利的現狀，殊不知公司若能軸轉發展方向（改變路線或策略），可能會帶給他們更好的發展空間與成績。要確定公司是否選擇了最佳道路的唯一辦法，就只有將發展模式系統化地套用在真實顧客身上。

別理簾子後那八個人

科技人麥克斯·范提拉（Max Ventilla）與戴蒙·哈若維茲（Damon Horowitz）許下了一個願景，他們要發明一個新的搜尋軟體，可以回答科技巨頭Google回答不了的問題。有沒有聽錯，連Google都回答不了？想想，Google和其他同類型公司最擅長的，莫過於回答求實的問題，例如：世界上最高的山是哪座山？美國第二十三任總統是誰？但是一被問到主觀性強的問題，Google就有些沒轍，像是：「看完球賽想去喝一杯，該去哪裡好？」這時候科技可說是英雄無用武之地。這類問題好玩的地方在於，如果由「人」來回答，那實在太簡單了。試想和一群朋友在一個雞尾酒會裡，你提出一個主觀問題，你覺得能得到一個中肯的答案的機率有多高？你幾乎可以斷定百分之百。主觀問題不像求實問題，它們沒有標準答案，現代科技是難以回答的。這類問題的答案也因人而異，不同的個人經驗、品味，以及評估你要的是什麼，都會讓答案有所不同。

為解決這個難題，麥克斯與戴蒙發明了一個產品，名為「土豚」（Aardvark）。以他們的科技專業與實際經驗，一般人會以為他們一定會立刻開始設計程式。錯了，他們花了六個月的時間思考到底該開發些什麼，但是他們沒有在白板上做沙盤演練，也沒有進行冗長的市場調查。

相反地，他們先做了一系列可用產品，每一項產品都用來測試一個解決顧客問題的方法。他們將產品提供給試用者，然後依試用者的反應來印證或駁斥一項假設（參見下欄）。

以下為土豚在構思階段提出的幾個產品方案[7]：

Rekkit：在網路上搜集網友的意見，然後提供較佳的建議給顧客。

Ninjapa：顧客可以透過一個特定網站，開設數個不同應用程式的帳戶，以此來收集不同網站的資訊。

The Webb：顧客可以撥打一組專線電話，要求接聽的客戶專員為其達成任何可以在網路上完成的事。

Web Macros：記錄網路上他人解決問題的步驟，讓顧客可以依樣操作，甚至可以橫跨不同的網站，與他人共享如何解決網路問題的訣竅。

網路按鍵公司（Internet Button Company）：將某一個網站的使用步驟整理成套，並讓填表功能更智能化，顧客可以將按鈕編碼，然後按社群書籤與他人共享按鈕。

麥克斯和戴蒙的理想是，用電腦創造一個可以回答顧客問題的虛擬個人助理。由於這個助理是用來回答主觀問題，因此，答案需要人類的判斷力來建構。所以，土豚早期的實驗便根據這個主軸，發想了許多不同的實驗，做出一系列可以讓顧客與虛擬助理互動、得到答案的雛型產品。然而，這些雛型產品都無法引起顧客的興趣。

麥克斯表示：「我們的公司是自給自足的，所以只能做一些成本很低的雛型產品，土豚真正的產品是我們做出來的第六個雛型產品。每一個雛型產品需要的製作時間約為二到四週，後端的部分則盡可能使用真人來複製。我們總共邀請了一、兩百人來試用這些雛型產品，並記錄有多少人再度回來使用產品。在真正的產品出現前，其他雛型產品得到的都是負面的結果。」

由於製作時間的限制，這些雛型產品都無法具備先進的科技功能，卻都是必要的最小可行產品，用來測試更重要的問題：什麼是讓顧客對產品產生興趣、而且會口耳相傳的關鍵因素？

「我們決定鎖定土豚後，」范提拉表示：「接下來的九個月，我們還是繼續使用真人複製

7　資料是由我在哈佛企管學院科技事業推動計畫（Launching Technology Ventures）的同事湯姆・艾森門（Tom Eisenmann）教授整理而成，土豚公司的案例是他為新課程所編寫的教材。更多資料請見http://platformsandnetworks.blogspot.com/2011/01/launching-tech-ventures-part-i-course.html。

後端的部分。我們僱用了八個人手，負責整理問題、分類對話等工作。我們埋下的種籽果真發芽了，而且在整個系統自動化之前，我們完成了第一階段的部署——我們設定的假設是：人類與人工智慧之間的分界是可以跨越的，我們起碼證明了人們對我們開發出的產品是有反應的。

在我們美化產品的過程中，我們每週都會邀請六至十二個人來試用我們正在製作的實體模型、雛型產品或模擬產品。這些人當中，有些持續在試用產品，有些則是從來沒有見過產品的。我們要求工程師參加了許許多多這類的實驗，用意是一方面可以讓他們對產品做立即的修正，一方面也為了讓大家一同體驗使用者不知道如何使用產品的痛苦。」[8]

透過即時通，他們決定推出的土豚獲得了成果。顧客透過即時通寄給土豚一個問題，土豚便會從顧客所在的社群網站中為他們找到答案：系統會把問題寄發給顧客的朋友與朋友的朋友，一旦得到了一個適合的答案，系統就會將它回覆給原來發問的顧客。

很重要的一點是，這類產品須要仰賴一個規則嚴謹的系統：當被問到一個特定的問題時，誰是顧客社群網站中最適合回答問題的人？例如，一個關於舊金山餐廳的問題，就不該向住在西雅圖的友人提問；更有挑戰性的像是，電腦程式設計問題大概就不該發送給讀美術系的學生。

在麥克斯與戴蒙測試的過程中，他們遭遇了許多諸如此類的技術難題，但是他們拒絕在初期階段馬上解決這些問題，他們改採**綠野仙蹤法**（Wizard of Oz testing）去粉飾真相。在綠野仙蹤實驗中，顧客以為與他們互動的是實際的產品，事實上是真人在與他們進行互動。試想，如果有一項服務是顧客可以免費向真實的市調員提問，市調員還必須即時回覆，這樣的服務方式（若是大規模的）毫無效率可言，只會浪費大量的金錢，但是小規模經營卻很容易。在小規模的規格裡，麥克斯與戴蒙可以測試非常重要的問題，例如：如果我們有辦法解決產品人工智慧的問題，消費者是否會樂於使用這個產品？如此一來，我們是否創造了一個真正具有價值的產品？

這個系統讓麥克斯與戴蒙不斷地進行軸轉，有機會否定那些看似有前途、卻並非可行的構想。等到公司可以大張旗鼓時，他們自然會有一張清楚的產品製造藍圖可循。土豚最後以五千萬美元的高價賣給——Google[9]。

品質與設計在最小可行產品中扮演的角色

最小可行產品最讓人頭痛的事之一，就是它挑戰傳統觀念對品質的要求。優秀的科技專才與工藝家一樣，都追求製造高品質的產品，這是一個關乎自尊的問題。

8 http://www.robgo.org/post/568227990/product-leadership-series-user-driven-design-at。
9 http://venturebeat.com/2010/02/11/confirmed-google-buys-social-search-engine-aardvark-for-50-million/。

現代製造過程依賴高品質去提高效率，它們都奉愛德華．戴明（W. Edwards Deming）的名言「客戶是製造過程中最重要的部分」為圭臬，意謂我們必須集中火力製造出讓客戶覺得有價值的產品。生產過程中若出現工作草率的情形，勢必會導致許多變異，而過程中發生的變異，將使客戶認為產品品質良莠不一，若能重做補救，那是萬幸，最糟的情況便是失去客戶。大部分的現代企業與工程哲學的最高指導原則，是為客戶創造高品質的消費經驗，這也是六標準差（Six Sigma）、精實製造、設計思維、極限編程（extreme programming），以及軟體工藝學運動（software craftsmanship movement）的基礎。

上述品質論的前提是企業已經掌握了客戶認為有價值的產品特性，但是對於初創事業而言，這是一個危險的假設，通常我們連顧客是誰都不確定。因此，我同意以下關於品質的論述：**如果我們不知道顧客是誰，我們也不知道品質是什麼**。即使最小可行產品「品質低劣」，它仍然可以發展成一個高品質的產品。沒錯，最小可行產品有時會被顧客認為品質低劣，若是如此，我們應該把它當作一個學習的機會，去瞭解顧客重視的是哪些產品特性，這個作法要比光做假設或在白板上發想策略要強得多，因為它可以為日後發展的產品，打下一個穩固的實際經驗基礎。

但是顧客的反應有時會出人意表。許多著名的產品是在「低質量」的狀態下推出的，卻非常受到顧客的喜愛。奎格．紐馬克（Craig Newmark）初期如果因為他的奎格清單（Craigslist）缺乏足夠的精良設計，就拒絕推出這個簡陋的電郵式通訊產品，現在會如何？Groupon的創辦人如果覺得「披薩買一送一」太浪費他們的才華，又會怎樣？

我有許多類似的經驗。在IMVU成立初期，我們的「替身」只能待在一個固定的地方，無法在螢幕上自由活動，原因在於那還只是一個最小可行產品，我們尚未發展出可以讓「替身」在他們的虛擬住所裡走動的技術。電玩遊戲界的原則是，「立體替身」應該要能任意走動，可以避開路上的障礙物，還會選擇聰明的路線到達目的地，美商藝電（Electronic Arts）著名的暢銷遊戲「**模擬市民**」（The Sims）系列，遵循的就是這個原則。因為不願意寄出品質太差的產品，我們選擇寄出無法移動的「替身」給顧客。

顧客試用後的反應十分一致：他們希望「替身」是可以移動的。對我們來說這真是個壞消息，因為這麼一來，我們就得花上大把的時間與金錢，去設計一個類似「模擬市民」的高品質產品。在這麼做之前，我們決定製造另一個最小可行產品。我們用了一招老把戲，企圖矇混過關。我們做了一些修改，讓顧客可以用點擊的方式指示「替身」的目的地，「替身」就會瞬間移動至顧客點擊的地方，不用走路，也不須避開障礙物，「替身」可以在瞬間消失又重新出現在新的地點。說實在，要寄出這樣的產品，我們覺得十分丟臉，但是我們真的沒有資金製作高級的瞬間移動圖像或聲效，這是我們唯一能做的。

所以，當我們開始收到顧客正面的評價時，你可以想像我們有多驚訝。我們從來不直接徵詢顧客有關移動功能的意見（因為太丟臉了），但是顧客在回答最喜歡IMVU的哪一項設計時，都將「瞬間移動」列在他們前三名的選擇之中（讓人無法置信的是，他們通常會特別形容這項功能「比「模擬市民」還要高科技」）。這項低成本的妥協之舉，居然比許多其他花了可觀的時間與金錢、讓我們引以為傲的功能來得更為突出。

顧客其實不會關心產品花了多少時間製造，他們只關心產品是否符合他們的需要。我們的顧客會喜歡瞬間移動的功能，是因為它能讓他們用最快的速度到達他們想去的地方。現在回想起來，這是有道理的。大概所有人都希望能在瞬間抵達我們想去的地方，不用排隊，不用坐幾個小時的飛機或在飛機跑道上苦等幾個小時，不用轉機，不用轉搭計程車或地下鐵，傳送我，史考提（Scotty）！[10]成本低廉的虛擬世界功能居然輕易地擊敗了昂貴的「真實世界」功能，而且更受顧客的青睞。

現在你告訴我，哪一個版本的產品才叫低品質？

使用最小可行產品測試某個假設，需要極大的勇氣。如果顧客的反應正如我們預期，我們可以判斷這項假設是正確的。萬一我們推出一個設計不良的產品，顧客們（甚至早期採用者）都不知道如何使用，這就表示設計須要改良。但是別忘了時時反問自己：如果他們和我們看待設計的標準不同怎麼辦？

因此，精實創業並不反對生產高品質產品，但是必須在為了贏取顧客的前提下進行的。

我們必須將傳統的專業標準放一旁，盡快展開驗證後學習心得的里程碑，但是要重申，這並不表示運作過程可以草率進行或不受約束。（在討論品質時，有一個特別須要注要的地方：有一類品質問題具有拖慢「開發—評估—學習」循環過程的淨效應，那就是瑕疵。瑕疵會提高產品進化的難度，干擾我們的學習能力，因此，在任何生產過程中，都不該輕易容忍瑕疵的發生。我們將在第三階段中，探討找出何時該防範這類問題的方法。）

如果你正在構思製造一個最小可行產品，只要記住這個簡單的原則就夠了：捨棄所有與須要學習的事物、無直接關聯的功能、流程或工作。

製造最小可行產品時的減速丘

製造最小可行產品並非完全沒有風險，這些風險包括了實際和想像兩種，除非事先處理得當，否則，二者皆有讓最小可行產品出軌翻車的可能。最常見的減速丘包括法律問題、對競爭者的恐懼、道德影響力，以及品牌塑造的風險。

對需要專利權保護的初創公司來說，推出早期產品時會有一些特殊的挑戰。在某些司法管

10 譯註：美國著名科幻電視影集《星艦迷航》的經典台詞。

轄範圍內，產品從在市場上推出的那一刻開始，申請專利的問題就跟著開始，最小可行產品的內容架構，也會決定產品是否會有專利的問題。即使你的初創事業不在這些司法管轄範圍裡，你可能希望申請國際專利的保護，但是最後你可能發現要遵守的是更嚴苛的規範。（依我看來，這些問題只是現行專利法約束創新發明的一種作法，它們其實應該被視為公共政策來進行修改。）

在許多產業裡，專利主要是以保護為目的，為了遏制競爭者做出不當的侵權行為。若與學習帶來的好處相比，最小可行產品在這種情況下面對的專利風險，是不足憂慮的，不過如果科技突破是公司競爭優勢的核心，這樣的風險就必須小心處理。無論是哪種情況，創業家都應該進行法律諮詢，確保對這些風險有透徹的瞭解。

法律風險聽來令人生畏，但是你可能會很訝異，這些年來反對製造最小可行產品最主要理由，是擔心初創公司的構想遭競爭對手竊取，特別是被大企業竊取。是喔，竊取一個好構想有那麼容易才怪！初創事業遇到的特殊挑戰之一，就是你的想法、公司或產品很難被他人注意到，更別提競爭對手了。事實上，我經常給懷有這種恐懼的創業家一個任務：挑選一個你的構想（也許找一個比較沒那麼有遠見的構想），再鎖定一家大企業負責相同領域的產品經理，然後試著引誘他們來竊取你的構想，你可以打電話、寫便條或寄一篇新聞稿給他們，儘管放膽去試。事實是，這些企業經理手上早就有大把好構想，他們正在為如何排出優先順序與如何執行的問題傷透腦筋，初創事業因此才獲得了一線生機[11]。

倘若競爭對手有辦法搶在初創公司之前執行初創公司的構想，這家初創公司就沒戲唱了。你之所以組成一支新團隊去落實一個構想，是因為你相信你的「開發—評估—學習」的循環時間可以比別人快，如果真是這樣，就算競爭對手獲悉你的構想，也無法對你造成任何威脅；如果不是，你的麻煩就大了，即便對構想守口如瓶也於事無補。一個成功的初創事業，要面對來自急起直追的仿傚者的競爭壓力，也是早晚的事。先聲奪人很少能取得絕對的領導地位，而沒有顧客參與的秘密行動，也很難爭得搶先起步的優勢。要取得勝利的唯一辦法，就是學習的速度要比別人快。

許多初創事業都計畫要建立起一個大品牌，卻擔心最小可行產品會成為建立品牌時的一個風險。同樣地，大企業裡的創業者也常因為害怕損害母公司招牌而受到侷限。有一個簡單的辦法可解決這些問題：用另一個品牌名稱推出這個最小可行產品。品牌長久以來建立的聲譽，只有在企業利用例如公關活動的口頭宣傳進行炒作時，才有可能受到損害，如果產品沒有辦法做到宣傳時所說的承諾，企業品牌就會受到長期性的重創。不過，初創事業由於客戶少得可憐，在市場上極少曝光，因此在品牌風險問題上反而比較占上風。所以，與其自怨自艾，不如利用這些好處，在「風頭」下進行實驗，當證明產品的確受到了真實顧客的肯定後，就可以公開行

11 這是克雷登·克里斯坦森《創新者的困境》的核心思想。

銷上市[12]。

最後，最小可行產品極可能帶來負面的反應，因此，最好要事先做好心理準備。最小可行產品與傳統概念測試、雛型產品不同之處在於，它們著眼的是事業的全面，而非只有設計或技術層面，還有，它們通常都會提供一針足以讓你面對事實的清醒劑。其實，要刺穿「將不可能變成可能的念力」(reality distortion field)是十分危險的事，築夢者特別害怕看到假象的負面結果：顧客不接受一個太小、功能太有限的最小可行產品，而這也正是我們看到許多公司抱持的工作態度，他們在事前沒有進行測試就直接推出完整成熟的產品，因為他們無法忍受對一個尚未製作完成的產品做測試。在傳統產品生產方式下訓練出來的團隊，在生產過程中經常要在可行與不可行之間做抉擇，這是瀑布式或階段關卡式(stage-gate)開發模式的本質，一旦最小可行產品失敗了，團隊就必須放棄希望與整項開發工作。幸好，這個問題是有辦法解決的。

從最小可行產品到創新審核法

要解決這項難題，就必須堅持進行重複的過程。你必須在實驗**開始之前**，就許下不得反悔的切結書，無論最小可行產品測試出來的結果是什麼，都不可以放棄希望。成功的創業家不會在遇到第一個麻煩時就棄械投降，也不會明知方向錯誤還要固執己見，他們懂得在堅持與靈活之間取得平衡，最小可行產品只不過是一個學習旅程的開始，繼續往下走，經歷多次重複的過程後，你就能發現產品或策略存在某些缺失，必須要改變前進的方向，這時正是我所謂軸轉的時候。

當外部利益關係人及投資人（特別是負責企業內部提案的財務長）產生信心危機時，初創事業的處境特別危險。每當提案或投資案通過時，創業家都會誇下海口，表示新產品一定能改變世界，顧客絕對會蜂擁而至，但是到頭來為何沒有幾張支票能兌現呢？

在傳統管理方式中，一個主管若不能做到他所承諾的事，必然大禍臨頭，理由只有兩個：一是執行不當，二是企劃不周，兩者皆難辭其咎。負責創業的企業主管面對著一個難題：我們擬出的計畫與假設充滿了不確定的因素，萬一有些承諾無可避免地跳票了，我們要如何對我們所謂的成功自圓其說？換言之，要如何讓財務長或創投業者瞭解，這些失敗不是因為我們努力不夠或被誤導，而是讓我們發現重要資訊的方法？

這個問題的解決辦法存在於精實創業模式的核心之中。我們都需要一個有原則性、有系統的方法，去確定我們是否取得了進展或驗證後的學習心得。這樣一個有別於傳統評估法、專為初創事業所設計的系統，我稱之為創新審核法，這也正是第七章的主題。

12 更多訊息請至http://bit.ly.DontLaunch。

七 評估

初創事業的任務是：第一，積極評估自己現在所處的位置，然後勇敢面對評估出來的殘忍事實；第二，設計可以學習如何將實際數字推向目標的實驗。

〈關鍵概念〉

- 創新審核法
- 三大學習里程碑
- 群組研究
- 優質化與學習
- 可行指數與虛榮指數
- 三A價值
- 看板原則

初創事業一開始不過是紙上談兵，商業企劃書裡關於財務的預測，例如公司希望吸引多少顧客、成本支出數目、可能的收入與利潤等，都只是理想，與初創事業早期會出現的狀況相去甚遠。

初創事業的任務是：第一，積極評估自己現在所處的位置，然後勇敢面對評估出來的殘忍事實；第二，設計可以學習如何將實際數字推向目標的實驗。

大部分的產品，即使是失敗的產品，都不具備零的牽引力（zero traction），大概都只有一些顧客、一些成長及一些正面的成果。初創事業最令人驚心的結果，是像行屍走肉般苟活。員工和創業家天性容易樂觀，即使事實已經白紙黑字寫在牆上，還是選擇繼續對自己的想法保有信心，這就是對堅持存有迷思、危險的地方。我們都聽過了不起的創業家在前途渺茫之際，仍奮戰不懈，最後取得勝利的事蹟，但是其他那些因為過度堅持最終一敗塗地、數不盡的無名血淚史，卻無人聞問。

創新審核法

人們總認為會計枯燥乏味，是一個主要用來準備財務報表、應付稽帳、公司裡不能沒有的煩人精。這都是先入為主的觀念。從歷史上來看，會計學在通用汽車公司（General Motors）總裁艾佛瑞德・斯隆（Alfred Sloan）等企業家的重視下，搖身一變，成為管理偏遠分部的集中管制法裡重要的一環。通用汽車利用會計學，為每一個分部設定明確的工作里程碑，並賦予每一個分部經理成功達成這些目標的重任。所有現代大企業都會使用類似的會計審核法，這正是它們能夠成功的主要因素。

可惜的是，一般的會計法並不適合用來評估創業家，因為初創事業是變幻莫測的，難以對它做出準確的預測或設立工作里程碑。

最近我有幸認識一支傑出的初創隊伍，他們的資金充裕、具有良好的客戶基礎，而且發展迅速，推出的產品是企業軟體新興類別中的領導品牌，他們利用消費性行銷手法將產品賣給大企業。例如，他們捨棄鎖定企業首席資訊長或資訊科技部門主管的傳統銷售方式，轉而仰賴員工對員工的病毒式傳播，如此一來，他們便有機會利用最新的實驗技巧，經常對產品進行更新。在會議上，我問了一個我習慣向初創公司提出的簡單問題：你們的產品有比以前更好嗎？他們總是回答是。我接著問：你們怎麼知道？答案總是如下：嗯，我們是工程師，上個月我們做了幾項修改，客戶似乎蠻喜歡的，而且整體的銷售數字這個月也提高了，我們的方向一定沒錯。

這是大部分初創事業董事會議中會聽到的故事，大部分公司的里程碑都是用同樣的方式制訂出來的：想辦法先達成某一個里程碑，也許再找幾個顧客做訪問，然後看看數字有沒有提升。只可惜，這並不是一個適合用來確定初創事業是否取得進展的指標。要如何確定我們做的修改與我們看到的結果有關？更重要的是，怎麼知道這些修改是正確的？

要回答這些問題，初創事業絕對需要一套專為破壞性創新而設計的全新會計法，那就是創新審核法。

適用於任何產業的責任制架構

創新審核法可以讓初創事業用客觀的角度，證明他們正在學習如何發展一個可以永續經營的事業。創新審核法的第一步，就是要把第五章中討論的絕對信念假設，轉化成一個量化的財務模式。其實每一份商業企劃書，即使是寫在餐巾紙上的那種，或多或少都與這個模式有關聯，它可以模擬出初創事業未來成功後會是什麼樣子。

例如，製造業公司的商業企劃書可以按銷售業績的比例來顯示其成長的幅度，當公司將商品銷售獲得的利潤轉投資在行銷與促銷活動上，可以爭取到新的顧客。公司成長率的高低主要看三件事：每一位顧客的收益性、爭取新顧客的成本、現有顧客的重複購買率。這三個數值愈大，公司發展的速度就愈快，獲得的利潤就愈高。

相反地，撮合買家與賣家的市場型公司，例如eBay，其成長模式與上述不同。這類公司的成功，主要依賴網絡效應將它變成買賣雙方進行交易的首要集散地，賣方希望能在這個市場找到最多的潛在顧客，買方則希望這個市場是賣方最激烈的戰場，他們才能得到最多的選擇和最低的價錢（在經濟學上有時稱為供應方報酬遞增〔supply-side increasing returns〕及需求方報酬遞增〔demand-side increasing returns〕）。這類型初創事業要測量的是，網絡效應是否真如買方賣方的新顧客留存率那麼高。如果這家公司很少失去顧客，則無論它以什麼方式爭取新顧客，都能繼續成長。它的成長曲線會像複利表一樣，成長率是根據新顧客人數這個「利率」來決定的。

雖然這兩類公司的成長驅動程式不同，但是卻可以用相同的架構讓它們的領導者負起應盡的責任。這個架構強調責任制，不會因為模式改變而有所不同。

創新審核法如何發揮功能——三大學習里程碑

創新審核法的應用步驟有三：首先，用一個最小可行產品將公司現狀的數據建立起來。無論你離目標有多遠，若不能清楚掌握公司現狀，就無從展開追蹤公司進展的工作。

第二，初創事業必須從基準線出發，朝理想的方向去調整引擎，這個過程也許須要重複很多次。當初創事業做好所有細節的修改和產品美化的工作、準備從基準線向理想出發時，它會來到一個決策點，那便是第三步驟：軸轉或堅持。

如果公司往理想前進的路上有良好的斬獲，表示它學習得當，而且有效率地應用了學習心得，那麼，理應繼續向前行。如果不是，管理團隊最後必須承認產品策略有瑕疵，必須做出重大改變。若公司進行軸轉，整個過程必須從頭來過，重新建立基準線，然後再由此開始調整引擎。至於軸轉之舉是否正確，要視這些調整引擎的工作是否比從前更具生產力而定。

建立基準線

舉例來說，某初創事業製造了一個完整的雛型產品，打算透過主要的行銷管道銷售給真實顧客。這個最小可行產品將用來測試初創事業大部分的假設，並且在同一時間為每一項假設建立基準線的指標。另外，初創事業也可以針對每一項假設，製作不同的最小可行產品，分開搜集顧客對每一項假設的反應。在製作雛型產品之前，該公司可以先利用已經準備好的行銷工具進行煙霧測試，這是過去直銷常用的銷售技巧，在產品尚未製作之前，提供顧客預訂的機會。煙霧測試要評估的只有一件事：瞭解顧客是否有興趣使用這個產品。雖然光憑煙霧測試並不足以驗證整個成長模式，不過，為了要取得這個假設的答案，它不失為一個有用的方法，公司必須在得到答案後，才能確定是否該投入更多的金錢與資源去製作產品。

這些最小可行產品是學習里程碑的第一個樣本，它們讓初創事業在其成長模式的基準線上能夠填入實際的數據，例如轉換率、登記與試用率、顧客關係週期價值等。這些都是非常有價值的資訊，可以作為學習顧客行為和顧客反應的基礎，即使這個基礎是從壞消息開始的也無妨。

挑選企劃書中最具風險的假設作為第一項實驗，是有其道理的。如果你在通往理想、建立永續經營事業的道路上，找不到降低這些風險的方法，那你也不必再去測試其他的假設了。例如，一家以銷售廣告為主的媒體公司，擬訂了兩項以疑問句形式表現的基本假設：它是否能持續吸引某特定顧客族群的注意力？以及，它是否有辦法將顧客的注意力賣給廣告主？針對某特定顧客族群的廣告費率是公開的，風險較高的假設反而是這家公司吸引顧客注意力的能力有多強。因此，第一個實驗應該以內容製作為主，而非以廣告業務為主，該公司可以製作一個實驗性的節目或話題，測試是否能引起顧客的興趣。

調整引擎

待基準線建立完成，初創事業便可以朝向第二個學習里程碑前進：調整引擎。所有初創事業進行的產品開發、行銷或其他任何行動，都應該以改善其成長模式的驅動程式為主要任務。例如，一家公司若是為了讓新顧客能更方便地使用其產品，而將時間花在改良產品上，就表示新顧客開戶啟動率是其成長驅動程式，而且它的基準線是低於它所期望的。為了證明驗證後學習心得的效果，修改過的設計要能提升新顧客的開戶啟動率，若無法達成這個目標，這個新設計就是失敗的。這是一個重要的原則：一個可以往好的方向改變顧客行為的設計，才是好設計。

讓我們來比較兩組初創事業。第一組清楚列出了基準線的數據、對改善這些數據的方法做出了假設、並針對假設擬訂了一系列的實驗。第二組團隊總是在爭辯哪些方法能夠改良產品、每次修改都使用數種不同的方法、只要有一個數據提高了就欣喜若狂。你猜哪一組初創事業的工作效率較高、比較能取得持久的成果？

軸轉或堅持

最小可行產品在基準線上所獲得的數字或許慘不忍睹，但是經過一段時間，一個透過學習、朝永續經營方向前進的公司，會在其成長模式裡看到數字向上攀升的現象，這些數據會匯集成一個類似企劃書上理想目標的東西。初創事業若無法做到這一步，會發現理想目標離自己愈來愈遠。若行事得當，即使強勢得如有「將不可能變為可能的念力」，也無法掩蓋這個簡單的真相：如果我們沒有辦法推動成長模式的驅動程式，就沒有辦法取得進展。當這個現象出現時，就是公司該進行軸轉的時候了。

創新審核法與IMVU

IMVU初創時的創新審核法是這麼運作的：我們的最小可行產品有許多瑕疵，一開始推出時，業績其慘無比，我們很自然地認為一定與產品品質有關，因此開始不斷地進行產品改良工作，而且確信努力一定會有回報。每個月底，我們都會召開董事會，提出成果報告。開會的前一晚，我們都會進行分析、計算顧客轉換率、顧客人數及業績收入，想證明自己表現得很好。但是連續好幾次都造成了會前的恐慌，因為數據顯示，改良產品並未能改變顧客的行為。在會議上，我們只能展現產品的「大躍進」，卻提不出明確的業務成果，著實令人感到氣餒。後來，我們決定增加每月追蹤數據的次數，不再等到最後一刻才進行計算，並縮緊產品開發的回應循環時間。誰知結果更令人沮喪。幾週過去，我們對產品所做的改良竟然一點作用也沒有。

每天花五元改良產品

我們開始追蹤對成長引擎來說十分關鍵的漏斗式數據行為，包括：顧客登記註冊、下載程式、試用、重複使用及購買產品。為了得到足夠的學習數據，我們必須要有足夠的試用人數，才有辦法獲得顧客每一種行為的真實數字。於是，我們撥出了每天五元的預算，用來購買Google當時全新推出、依點擊次數收費的AdWords廣告服務。那時，每一次點擊收取的最低費用為五美分，但是個別帳戶並沒有最低收費的限制，因此，即使我們財政窘困，也還負擔得起[1]。

1 相反地，Google最主要的競爭對手序曲（Overture，最後被Yahoo!購併）的帳戶最低收費為五十美元，價格之昂貴讓我們望而卻步。

每天五美元可以為我們買到一天一百次的點擊，從行銷的角度看，這個數字或許太少了，但是從學習的角度看，我們換得的是無價的資訊。我們每天都能得到一組可以用來測試產品的新顧客，同時，每次在產品修改後，隔天就可以得到一份全新的成績單。

例如，我們也許在某天對首次使用產品的顧客發出新的行銷訊息，隔天可能更改顧客登入產品的方式，接下來，我們可能會增加產品功能、更正出現問題的地方、推出新的視覺設計，或是為網站更換新的頁面。我們每次都樂觀地告訴自己，我們的產品品質愈來愈高了，但是這種主觀信心卻還是得接受真實數字的嚴峻考驗。

日復一日，我們不斷地進行隨機試驗，每天都是一個全新的實驗，今天的顧客與昨天的顧客都不相同，但是最重要的是，雖然整體數字上升了，漏斗式數據卻沒有改變。

圖七顯示的大約是七個月的工作進展。在這七個月中，我們不斷改良產品，每天都會推出新的產品功能，同時，我們還面對面訪問了許多顧客，產品開發團隊也十分辛苦地工作。

群組研究

分析這張圖表之前，你必須先瞭解何謂**群組研究**（cohort analysis）。群組研究是分析初創事業最重要的工具之一，聽似複雜，但是它的前提卻十分簡單，它不考慮像總收入或客戶總人數之類的累積總數，只看個別使用過產品的客戶群的表現，每一組客戶稱為一個「群組」。圖表中顯

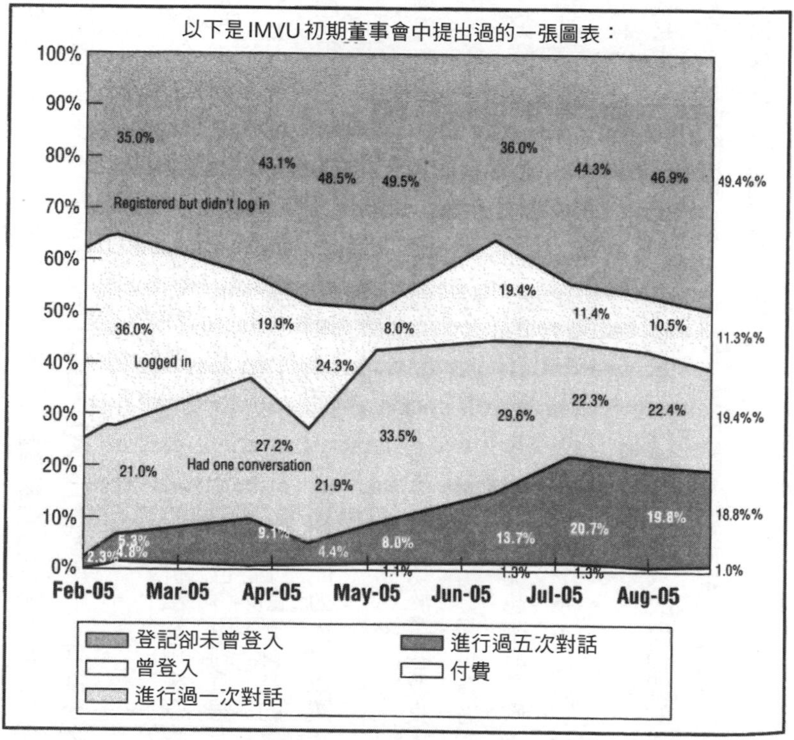
以下是IMVU初期董事會中提出過的一張圖表：
100%
90%
80%
70%
60%
50%
40%
30%
20%
10%
0%
35.0%
43.1%
48.5%
49.5%
36.0%
44.3%
46.9%
49.4%%
Registered but didn't log in
19.4%
36.0%
19.9%
8.0%
11.4%
10.5%
11.3%%
Logged in
24.3%
29.6%
22.3%
22.4%
19.4%%
27.2%
33.5%
21.0%
Had one conversation
21.9%
5.3%
9.1%
4.4%
8.0%
13.7%
20.7%
19.8%
18.8%%
2.3%
4.8%
1.1%
1.3%
1.3%
1.0%
Feb-05
Mar-05
Apr-05
May-05
Jun-05
Jul-05
Aug-05
登記卻未曾登入
進行過五次對話
曾登入
付費
進行過一次對話

圖七　立體即時通「漏斗」

示的，是每個月轉用IMVU的新客戶比例，而每一個轉換率則代表在當月註冊加入、隨後採取某一行動的客戶比例。因此，二〇〇五年二月加入IMVU的客戶中，有百分之六十的人至少登入過網站一次。

曾經在企業擔任過業務主管的人都可看出，這個漏斗式分析法是用來管理即將成為其顧客的潛在消費者所使用的傳統銷售漏斗。初創事業在開發產品時也會用到這個方法，這項技巧在許多不同的行業中，都十分受用，因為每一家公司的未來都關乎顧客行為的排序，又稱為行為流程。顧客行為流程具有支配顧客與公司產品之間互動關係的能力，可以讓我們用量化的方式瞭解一個企業，而且比傳統整體數據的預測力要高出許多。

細看這個圖表，你可以發現一些明顯的趨勢，小部分要歸功於某些改良工作。使用至少五次的新客戶比例，從原先的百分之五，提升至將近百分之二十，但是付費客戶的比例卻始終停留在百分之一。很難想像，我們投入了這麼多月的心血，做了加起來總共數千次的產品改良、小組訪談、設計討論及可用性測試，而且試用過的顧客人數那麼多，付費客戶的比例卻依然和產品剛推出時一樣，完全沒有增長。

感謝群組研究法，我們才不致於把失敗的責任推卸給不願意改變習慣的顧客、外在市場因素或其他藉口。每一個群組都代表了一張獨立的成績單，我們盡了全力，卻都只拿到C的分數。不過，這卻讓我們瞭解到問題的存在。

我負責在當時規模還非常小的產品開發部，我向公司其他共同創辦人表示，問題可能出在我的團隊不夠努力。於是，我更加努力地工作，犧牲了許許多多的睡眠時間，試圖為產品設計出更高品質的性能，結果卻只讓我們的挫折感更深。最後，我束手無策，在萬不得已的情況下，決定使出殺手鐧：找顧客談談。在調整成長引擎的過程中遍嘗失敗苦果的我，終於在此刻準備好提出正確的問題。

在公司成立之初、失敗發生之前，訪問潛在顧客得出的結果讓我們確信我們的方向是正確的。其實，邀請顧客到辦公室做面對面訪談、產品可用性測試，很容易忽略顧客負面的反應。如果顧客沒有興趣使用產品，我會認為他們不是我們的目標對象。「不要再找這個顧客了，」我會對負責尋找測試對象的員工說：「拜託找個符合我們目標特質的人來！」如果下一個顧客測出的結果恰好比較正面，我就會認為我的定位策略是正確的，如果不是，我又會剔除這個顧客，再試其他人。

相反地，當我手中有數據時，我與顧客的互動變得不同了，我突然有許多問題急待顧客回答：顧客為何對產品的「改良」沒有反應？為何我們的努力沒有回報？例如，我們一直努力讓顧客更容易使用IMVU產品與朋友互動，卻始終無法引起他們的興趣。顯然，讓產品更容易使用完全不是問題的重點。當我們摸索到要往何處尋找答案後，很快就對顧客有了真正的瞭解。最後，正如我們在第三章中提到的，我們不免要來到關鍵的軸轉時刻：從一個可以繼續與現有朋友互動的即時通附件軟體，轉型為一個讓顧客結交新朋友的獨立網絡。突然之間，我們對生產力的憂慮消失了。當我們將火力集中在顧客真正的需求上時，我們所做的實驗逐漸讓他們的行為朝我們的目標靠攏。

我們從早期每個月賺不到一千美元，到每個月賺數百萬美元，這樣的模式將不斷地重複。這種形態是：令人失望的數字迫使我們承認失敗，卻也激起我們的戰鬥力、強化我們的背景，並且擴大了我們的空間，去做更多以質為重的研究。這些研究激發了新的構想，也是新的假設，讓我們進行更多的實驗，引導我們做出軸轉的決定。每一次軸轉都會釋放出新的實驗機會，同樣的過程也會不斷地重複。這個簡單的節奏是：建立基準線、調整引擎、然後決定要軸轉還是堅持。事實上，就整體而言，如果你進行的新實驗比舊實驗有成效，這就代表軸轉是成功的。

優質化與學習

工程師、設計師與行銷人，都非常擅長將事物優質化。例如，直銷人員擅於執行分組測試的價值提案（split-testing value propositions），作法是對兩組相似的顧客提供不同的優惠，再依據回覆比例評估兩組顧客不同之處。工程師理所當然是改良產品的能手，而設計師則擅於將產品設計得盡可能容易使用。在一家運營良好的傳統企業裡，這些工作做得愈好，報酬也相對地愈高，只要執行得當，付出一定會得到回報。

然而，把這些改良產品使用的工具用在初創事業上，得到的結果並不一樣。如果你做出的是一個錯誤的產品，無論如何加強產品本身品質或其行銷活動，都不會得到顯著的進展。初創事業必須用高標準來評估公司進展，所謂高標準是指可以證明其產品或服務能夠永續經營的證據，這個標準只有在初創事業事先做好明確、實質的預測，才有辦法做評估。

如果缺少這些預測，產品與策略的決策會變得更困難、更耗時，我時常在我諮詢的案例中看到這樣的情形：許多初創公司覺得他們的工程部門「工作不夠努力」，要我幫忙解決這個問題。每次與這些團隊會面後，一定會發現有很多須要改善之處，我也會針對這些缺失提出建議。一般而言，真正的問題不會是欠缺產品開發能力、工作熱忱，或實質的努力。工作團隊一般都非常地認真，也不斷地重複開發過程，卻始終看不到任何成效。從傳統模式中出身的管理人做出的結論是：我們的團隊不夠努力，工作得不到成效，或工作沒有效率。

從此，向下漩渦開始產生了。產品開發部勇敢地依照創意部或業務部主管的指示製造產品，倘若沒有出現令人滿意的結果，業務部主管便先入為主地認為，一定是企劃與實際生產之間存有矛盾，於是試著用更巨細靡遺的內容，交待下一次的工作。指示的細節一旦愈來愈多，企劃過程勢必跟著變慢，工作量會變大，也會延誤顧客回應的時間。如果公司董事或財務長以利益關係人的身分參與工作，接下來會發生的，就是人事的變動。

數年前，一家銷售產品給大媒體的公司，邀請我擔任顧問，因為他們認為公司的工程師工作不力。經過瞭解，責任並不在工程師，而在整個公司所使用的決策過程。他們手上雖然有客戶，卻對客戶認識不深。客戶加上公司本身業務部與高層提出的眾多產品功能要求，經常讓他們應接不暇。每次有人提出新見解，就會立刻被當作急件處理，長此以往，長期性的工作會因為不斷被干擾而受阻。更糟的是，他們並不清楚公司哪些改變對客戶而言是重要的。儘管這家公司不斷在進行調整，它的業績始終沒有太大的起色。

學習里程碑用來避免負面漩渦的方法，是去強調一個較為可能的事實——我們正在**按照規定**執行——一項不合理的計畫。在創新審核法的架構下，可以清楚看出何時是一家公司遇到瓶頸、須要轉換方向的時候。

前述案例中，那些逐漸減少的收益數字，即為公司遇到瓶頸、須要轉換方向的訊號。該公司早期發展時，產品開發部的生產力非常高，因為它的創辦人在其目標市場中發現了一個未被滿足的需求，因此，儘管最初推出的產品存在著問題，卻仍能得到早期採用者的青睞，後來根據顧客要求而增加的幾項主要功能，也在早期採用者的大力宣傳下，創造了奇蹟。不過，有些潛在問題並未被觸及或回答，例如，公司是否具有一個能夠發揮作用的成長引擎？初期的成果是否為產品開發部門每日辛勤工作的功勞？答案大部分是否定的，因為成功多半來自團隊過去所做的決定，與當時進行的工作完全無關，但是由於公司的整體數據是「向上攀升」的，因此沒有人能真正看清這一點。

我們稍後會看到，這是一個普遍存在的風險，一家公司不論大小，只要擁有一個發揮得了作用的成長引擎，他們的行動就有可能被錯誤的數據誤導，這也是主管們在最後關頭不得不使出刊登廣告、大量鋪貨或高調展銷等「成功戲院」把戲的原因，希望垂死前的掙扎可以讓數字不至於太難看。這些花費在「成功戲院」上的精力，原本應該用在建立一個能夠永續經營的企業上。我稱這些用來評斷初創事業的傳統數字為「虛榮指數」，而創新審核法正可以讓我們避免受到這些數據的誘惑。

提防虛榮指數

為了看清虛榮指數可能帶來的危險，讓我們再回顧一次IMVU成立初期的情形。圖八與先前在本章發表過的群組類型圖表，都是IMVU同一時期的數據報告，事實上，這兩張圖表是在同一個董事會上發表的。

這張圖表顯示的僅為IMVU的傳統整體數據：註冊使用者總人數與付費客戶總人數（總收入圖表與之極為相似）。從這個角度看去的風景是比較令人興奮的，這也是為什麼我稱這些數據為虛

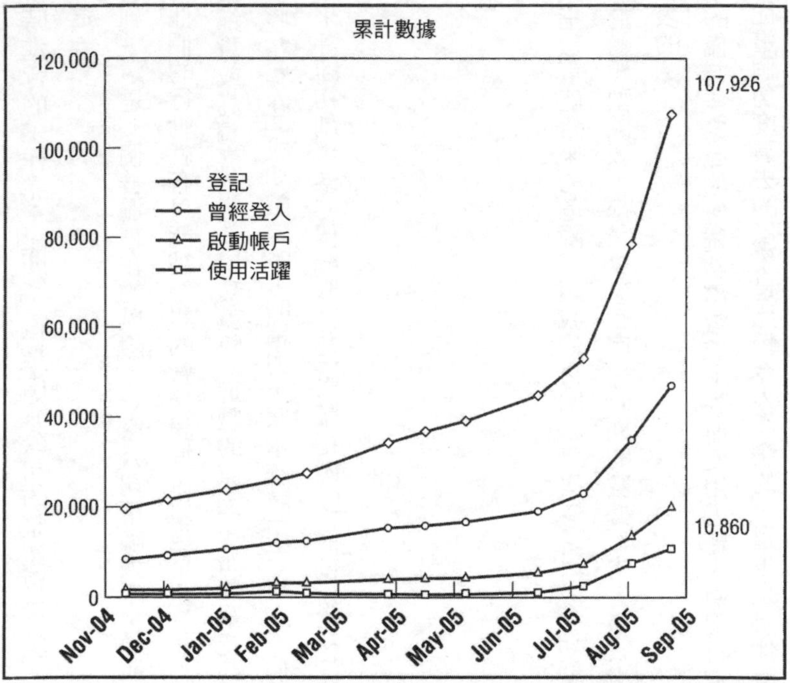
累計數據
120,000
100,000
80,000
60,000
40,000
20,000
0
107,926
10,860
登記
曾經登入
啟動帳戶
使用活躍
Nov-04
Dec-04
Jan-05
Feb-05
Mar-05
Apr-05
May-05
Jun-05
Jul-05
Aug-05
Sep-05

圖八

榮指數的原因，因為它們呈現的是最瑰麗的一面。你看到的是一個傳統曲棍球桿圖形（快速發展中公司最理想的圖形），如果你只注意到上層的數字（報名人數愈來愈多，總收入不斷增加），那也難怪你會認為產品開發部門表現得實在太優秀了。沒錯，公司的成長引擎發揮了作用，每個月都能爭取到新客戶，投資報酬率亦為正數，而來自於那些客戶的收益將在下個月用來爭取更多的新客戶，這是公司成長的主因。

但是如果將相同的數據放進群組類型的圖表裡，會有什麼不同？IMVU的新客戶人數一直在增加，可是新客群的收益並沒有增加，也就是說，引擎雖然在轉動，調整引擎的動作並未帶來任何成果。如果只看傳統圖表，你無法確定IMVU是否往建立永續經營的方向邁進，因為你根本無法確認創業團隊背後是否存在著實際的效能。

如果初創事業一直被像是顧客總人數這類的虛榮指數誤導，創新審核法便無法發揮作用。解決之道是使用另一種我們用來評估事業與學習里程碑的數據，我稱之為「可行指數」。

可行指數與虛榮指數

為了更進一步瞭解使用正確數據的重要性，我們來看一家名為果科特（Grockit）的公司。創辦人法布．尼維（Farbood Nivi）曾在兩間營利教育機構，普林斯頓評論（Princeton Review）與凱普倫（Kaplan），擔任了十年的教師，這兩家公司專門幫助學生準備各種標準考試，例如GMAT、LSAT、SAT等，他的教學方式為他贏得了學生的讚譽與上司的拔擢，還曾被選為「普林斯頓評論全國年度優良教師」。然而，法布對這兩家公司使用的傳統教學法深感挫折，然而每日六至九小時的教學時間與數千名學生，卻給了他許多實驗新教學法的機會[2]。

多年的教學經驗讓法布得出一個結論，即傳統一對多的講授方式並不適合他的學生。他設計出一套很棒的教學法，結合了教師講授、個別作業及小組研習。特別的是，法布注意到學生彼此之間相互學習的方式成效非常好，當學生們互相幫助時，他們可以在兩方面受惠：首先，學生們可以針對同學不懂的地方加以指導，而且也不像老師會讓人感到害怕；再者，受指導的學生藉由轉教其他同學相同的內容，可以強化他們該部分的學習。久而久之，法布的課變得非常有互動性，而且也非常地成功。

這項結論讓法布覺得，教室裡有沒有老師其實不是那麼重要，他因此做了一項重要的連結：「我的課堂使用社群學習模式，而網路上進行著社群活動。」他的構想是把學生之間互動學習的模式，提供給無法負擔凱普倫、普林斯頓評論昂貴的學費，或甚至更貴的私人家教的學生們。果科特因此應運而生。

法布表示：「不論你正在準備SAT或代數，你用的一定是以下三種方法中的其中一種：一是跟專家學習，二是自己研讀，三是與同學一起讀。這三種讀書方式，果科特都能提供，我們只不過將它們與科技和規則系統做了結合，讓它們更優質化。」

法布是典型具有真知卓見的創業家，他是這麼描述他最初的想法：「現在我們不要再理會教育設計這回事，不要再想什麼是可能的，只要記著重點是現在的學生與現在的科技，只要按照這個重點重新設計學習方式就好。教育界有許多上億身價的機構，但是我不認為他們曾經為了學生的需要，而進行任何創新，因此我認為我們不再需要他們了。對我而言，學生是最重要的，而我覺得這些機構並沒有盡全力幫助學生。」

果科特目前提供許多教育服務產品，但是它一開始使用的是精實創業法。法布利用他原來的教材，透過頗受歡迎的網路會議視訊工具網迅（WebEx），做成果科特的最小可行產品。他沒有製作任何軟體，也沒有發明新的科技，他只想將他的新教學法透過網路提供給學生們。這個新式的私人家教很快就廣為人知，而且僅僅數月，法布的網路教學就有了可觀的進帳，每月收入約有一萬美元至一萬五千美元不等。不過，法布與其他懷有雄心壯志的創業家一樣，創造最小可行產品不是只為了過優渥的生活，他的願景是要為各地學生設計出一個更具合作性、更有效的教學法。藉由成功的第一步，法布得以從矽谷多個知名投資公司手上募得經營事業的資金。

我第一次見到法布時，他的公司已經步上正軌，不但有多家聲名卓著的投資公司提供創投

2　有關法布創業旅程的更多訊息，請見Mixergy訪問：http://mixergy.com/farbood-nivi-grockit-interview/。

資金，工作團隊也十分優秀，同時也在矽谷的一項初創事業競賽中一鳴驚人。這家公司非常過程導向，而且紀律嚴明，他們與一家名為關鍵實驗室（Pivotal Labs）公司合作，促使他們在產品開發工作上採用了嚴謹版的敏捷軟體開發法——極限編程（Extreme Programming）。他們初期推出的產品更被媒體譽為一項突破性的創舉。

雖然如此，果科特還是出現了一個問題：使用產品的客戶人數似乎沒有太大的成長。果科特之所以成為一個絕佳的研究個案，是因為它的問題並不在於執行不當或規範不明。

以正規敏捷軟體開發法為本，果科特制訂了一系列「衝刺」行動，每次衝刺都是一個為期一個月的循環週期。法布會以顧客的角度寫下一系列「使用者的故事」，來解釋產品需要的新功能，並藉此排定每月工作的優先順序，而不是只用一堆生硬的科技辭彙寫成一份新功能說明書。這些故事可以幫助工程師們在整個開發過程裡，把焦點放在顧客的想法上。

每項功能都以淺顯易懂的文字敘述，即使沒有科技背景的人也可一目瞭然。也因為採用敏捷軟體開發法，法布隨時都可以重新排列這些故事的順序。當他對顧客的需求有更進一步的瞭解時，他可以改變「待開發產品」的排序，唯一的限制是他不能打斷正在進行的工作。所幸這些故事中每批工作所需的時間（我會在第九章中詳細說明），通常都只有一到兩天。

這個開發系統之所以稱為敏捷軟體開發法的原因是，使用這個方法的工作團隊可以在短時間內迅速改變工作方向，保持工作時的敏捷度，並能對產品擁有者（管理流程的主管，在本例中即為法布，因為他是負責安排故事順序的人）因應商業需要所提出的更改隨時做出反應。

而工作團隊在每次衝刺後又有什麼成果呢？他們每回都能開發出新的產品功能，同時，還將顧客的回應以趣聞和訪談的形式集結起來，用以證明的確有顧客喜歡該項新功能。每次衝刺後也一定可以從一些數據中看出進展，例如客戶總人數增加了，學生回答的問題數目增加了，或重複使用產品的客戶人數增加了等。

然而，我可以感覺到法布與他的團隊還是對公司整體發展存有疑慮：這些上升的數字真的是產品開發的功勞，還是其他原因造成的？例如，與果科特這個名字曾經在媒體上出現有沒有關係？當我與工作團隊會面時，我問了一個問題：你們怎麼能確定法布安排的工作順序是合理的？

他們回答：「那不是我們的職責，法布負責做決定，我們負責執行。」

果科特當時的目標市場僅鎖定想就讀商學院、正在準備 GMAT 考試的學生們，他們的產品提供學生與其他同樣在準備 GMAT 考試的學生們，一同在網路上研讀的機會。這項產品的確有效，透過果科特完成準備功課的學生們，成績都有明顯的進步。然而，果科特工作團隊仍舊避免不了初創事業一直以來要面對的老問題：如何決定優先開發哪些產品功能？如何讓更多的顧客登記付費？如何提高產品的知名度？

我問了法布一個問題：「你對於自己能正確決定工作優先順序的自信有多高？」法布和大

部分的創業家一樣，盡量利用他手邊的資料去做一個猜測，這讓我看到了許多模糊與令人質疑的空間。

其實，法布百分之百相信自己的願景一定能實現，卻開始擔心公司實現願景的步伐是否與希望一致。產品雖然日臻完善，法布卻擔心不知能否真正滿足顧客的需要，在這個認知上，我要給予他高度的讚揚。法布與許多無論如何都堅持初衷的理想家不同，他願意對他的願景進行實驗。

法布十分努力讓他的工作團隊相信果科特一定會成功，但是他同時也擔心，萬一有人認為掌舵人不知道該往哪個方向走，公司整個士氣是否會因此受影響；他也不確定他的工作團隊是否願意擁抱一個真正的企業學習文化。說穿了，這就是敏捷軟體開發法交易的一部分：工程師同意配合企業不斷更改的要求，但是並不須要負責企業決策的品質。

從開發者的角度來看，敏捷軟體開發法是一個十分有效率的系統，因為開發產品者可以專注在功能研發與技術設計上，一旦要將學習這個元素導入開發的過程裡，可能會削弱團隊的生產力。（當精實製造模式運用在工廠作業流程上時，也遇到了類似的問題。工廠管理人過去只注重每台機器的使用率，因為工廠原本的設計，就是希望機器能在固定的時間內全力進行生產。從機器的角度看，這樣是有效率的，但是從整個工廠生產力的角度看，有時是極端沒有效率的。正如系統理論中所言：針對系統中某一部分進行優化，勢必會對整個系統造成損害。）

法布與他的工作團隊並沒有意識到，他們用來評估果科特發展的客戶總人數與客戶做過的問題總數等數據，都是一些虛榮指數，這些是團隊推動紡紗輪的動力，雖然給了團隊前進的力量，卻對公司發展沒有太大的助益。有趣的是，法布使用的發展方式其實具備了精實創業學習里程碑的皮毛：他們寄給客戶一個初步的產品，藉此建立了一些基礎數據；他們的循環週期很短，而循環週期的成效是以顧客數目是否增加作為評估標準。

由於果科特用錯了數據，致使他們誤以為公司不斷地在成長。法布對於客戶的回應感到十分地挫折。工作團隊每一個週期使用的數據種類都不同，這個月他們看的是產品使用總數，下個月看的可能是註冊人數等。這些數字的變動毫無脈絡可尋，無法做出因果推論，在這種情形下要正確排出工作的優先順序，實屬不易。

法布也可以請數據分析師針對特定問題做調查。例如，當我們寄出有X功能的產品給客戶後，客戶的行為是否有所改變？不過，這種作法可能十分勞民傷財。X功能產品到底是什麼時候寄出的？寄給哪些客戶了？是否有其他產品在同一時間推出？季節因素是否讓數據遭到扭曲？要找出這些問題的答案，可能須要分析成千上萬的數據，等到答案揭曉時，大概已經過了數週，工作團隊也可能已在進行其他的新工作、處理新的緊急問題。

與其他許多初創事業相比，果科特擁有一個非常大的優勢：工作紀律非常嚴謹。一個紀律嚴謹的團隊有可能採取錯誤的方法，卻可以在發現錯誤後快速調整方向。更重要的是，它可以對它的工作形式進行實驗，得出對公司有幫助的結論。

群組測試與分組測試

果科特在兩方面更換了用來評估進展的數據：他們不再使用整體數據，改用以群組為主的數據；他們也不再尋找因果關係，轉而對每一項新開發的功能，進行一個單獨的分組測試實驗。

所謂分組測試，是指在同一時間內對顧客進行不同版本產品的測試，藉由觀察兩組顧客行為上的差異，對不同變數造成的影響得出結論。最早使用這個評估法的是直銷廣告商，例如蘭茲角（Lands' End）、箱與桶（Crate and Barrel）這類會寄郵購型錄給顧客的公司。如果你想對型錄的設計進行測試，可以將新版本寄給一半的顧客，把舊版本寄給另一半的顧客。為了確保測試的科學性，兩本型錄內包含的產品必須一模一樣，唯一的差別只有型錄的設計。為了瞭解新設計是否能有效刺激銷售，你只須記錄兩組顧客的銷售數字。（這個方法有時又稱為AB分組測試，將顧客依姓名分為兩組。）雖然分組測試通常被視作一種特定的行銷作法（甚至是特定的直銷作法），卻是精實創業中產品開發的一部分。

這些改變立刻讓法布對其事業有了不同的認識，因為透過分組測試，經常會看到令人意外的事實。例如，在工程師與產品設計師眼中對產品有加分作用的功能，對改變顧客的行為一點影響力也沒有，果科特如此，許多其他公司也是如此。進行分組測試看似麻煩，因為它需要額外的計算與數據來記錄每一項變數，但是就長遠來看，它卻能為公司省去許多顧客根本不在意的工作。

分組測試另一項優點，是能幫助工作團隊更瞭解什麼是顧客想要與不想要的。果科特團隊經常在產品中加入讓顧客互動的新功能，希望藉此提高產品的價值，但是這些舉動的前提是認為顧客希望在研讀時有更多與他人互動的機會。當分組測試證明這些額外的功能並未能對顧客的行為造成改變時，這個認知便成了一個疑問。

這樣的疑問促使團隊想要更進一步瞭解顧客真正的需求，他們不斷腦力激盪新的實驗構想，企圖找出能夠影響顧客的元素。事實上，很多構想都不是新的發想，只不過在過去著重開發社群工具之時被忽略罷了。因此，果科特測試了一個強調自習的模式，包含了許多練習題與類似遊戲的內容，讓學生可以自己決定要獨自研讀或與他人一起研讀。結果證實這個模式與法布當初的課堂教學一樣有效。若非經過分組測試，該公司也不會得出這樣的體認。事實上，經過長時間不斷地測試，該公司更加確定，留住學生的關鍵在於同時提供團體學習與單獨學習兩種功能，因為他們喜歡能夠自由選擇。

看板原則

果科特還採用了精實製造中的**看板**（kanban）原則，又稱產能限制（capacity constraint），來改變產品開發順序的安排過程。在新制度下，使用者故事若不能提供驗證後的學習心得，則被視為不完整的故事。因此，故事依其完整性可分為四類：待辦、積極建造中、完成（技術上認為完成的功能）與接受驗證中，而通過驗證的定義則是：「確定故事是一個值得優先開發的好構想。」驗證的結果通常會從分組測試中觀察顧客行為是否有所改變而獲得，或來自顧客訪談或調查。

在看板原則下，每一類故事都有固定的額度，隨著故事漸趨完整，它們會被重新歸類到另一類故事中，一旦這一類故事額滿了，就不能再接收其他新的故事。經過驗證的故事會從看板上被移除，若驗證的結果顯示這個故事並非一個好構想，就會將它從產品中剔除（見表一）。

我曾經與多個企業團隊使用過這個制度，一開始都令人感到十分挫折。通常每一類工作都會被填滿，然後從「已驗證」類別向「完成」類別推進，直至無法再繼續任何工作。過去一向以故事完成的數量作為生產力標準的團隊，面對這種情形都感到十分無奈。能夠展開新工作的唯一方法，就是先處理已經完成卻還未進行驗證的項目，這些通常是非技術性的工作，例如詢問顧客意見、檢視分組測試數據等。

所幸大家很快就能上手。一開始進度呈現走走停停的狀態，工程部也許決定先完成一項規模龐大的工作，然後再進行詳細的測試與驗證。當工程師尋求增強生產力的同時，他們也開始瞭解，如果一開始就同時進行驗證工作，整個團隊的生產力會提高許多。

例如，為何要去製造一個不在分組測試計畫內的產品功能？也許短期內它可以為你節省時間，但是到了驗證階段，你反而需要花費相當的時間來測試它。這個邏輯也適用在工程師不瞭解的故事上。在過去的制度下，工程師可能在完成工作後，才會得知一項工作的用途，但是在新制度下，這種行為只會降低生產力：沒有假設，何來驗證？我們在IMVU也見過這樣的行為。我曾經看過一位資淺的工程師反對一位高級主管進行一項小修改，工程師堅持新功能必須與其他功能一樣進行分組測試，其他工程師也支持他的看法。很明顯地，所有的功能都應依照慣例進行測試，不論交辦的人是誰。（不好意思，我通常都是那個有問題的主管。）有健全的流程才會有健全的企業文化基礎，在此基礎下，構想的好壞是以成績來評論，而非以職銜來決定。

更重要的是，在此制度下工作的團隊，不再以新功能的開發數量作為生產力的衡量標準，而開始以驗證過的學習成果來評估他們的生產力。

果科特的假設測試

當果科特做出這項改變後，獲得的成果非常令人滿意。在某項實驗中，他們決定測試主要產品功能之的一的懶人註冊法，看看是否有值得投入大量資金的潛力。他們對懶人註冊法十分有信心，因為它被認為是網路服務中最棒的設計之一，顧客不須預先註冊，只要一進入網站就

表一　工作階段看板圖表

（每一類別不得超過三個項目）

待辦	建造中	完成	已驗證
A	D	F	
B	E		
C			

開始進行A；D與E建造中；F等待驗證。

待辦	建造中	完成	已驗證
G		D	F
H	B	E	
I	C	A	

F已驗證；D與E等待驗證；G、H、I為新工作項目；B與C建造中；A已建造完成。

待辦	建造中	完成	已驗證
	G	D	F
H→	B→	E	
I→	C→	A	

B與C已建造完成，但是根據看板原則，在A、D、E進行驗證前，暫不得移至下一個類別。H與I在前一類名額空出前，不能進行建造工作。

可以開始使用服務，顧客在體驗過服務的好處後，才會被問及是否願意註冊成為會員。

學生們體驗到的懶人註冊法可能像這樣：當你進入果科特的網站後，你會立刻被編排到準備同一種考試的團體研讀時段，你不須提供你的姓名、電郵地址、信用卡號或其他任何資料，就可以馬上開始使用他們的服務。懶人註冊法對果科特來說十分重要，因為這是他們用來測試一個主要假設的方式。這項假設是：顧客如果能在一開始就看見服務的成效，那麼他們就會願意接受這種新的學習法。

這項假設須要管理三類顧客，包括未註冊的顧客、已註冊的（試用）顧客及已付費使用升級版服務的顧客。倘若使用者的類別愈多，記錄使用者行為的工作就愈多，鼓勵顧客升級的行銷活動也必須增加。由於懶人註冊法是業界公認爭取顧客最有效的方法之一，因此果科特不惜付出額外的心力去測試它。

我鼓勵果科特進行一項簡單的分組測試。將果科特的行銷宣傳資料提供給一組顧客，然後要他們立即決定是否註冊。出人意料之外，這組顧客的行為與使用懶人註冊法的顧客群組毫無分別，兩組顧客的註冊率、帳戶啟動率與保留率皆同。換言之，懶人註冊法需要的額外工作完全是一種浪費，即便它享有業界最佳作法的美譽。

這項測試透露了一個比減少浪費更重要的訊息：試用果科特服務的經驗，並非顧客決定是否成為果科特會員的考量因素。

試想那組被要求先註冊才能進入團體研讀時段的顧客們，他們對產品的瞭解極為有限，充其量只看過果科特的首頁與註冊網頁。相反地，懶人註冊法的顧客群因為使用過產品，對產品有充分的認識，但是兩組顧客的行為卻完全相同。

這樣的結果意味著，加強果科特的定位與行銷活動，要比增加產品功能更具吸引顧客的效力。這只是果科特現階段要進行的第一項實驗。果科特業務拓展十分迅速，目前已提供許多標準考試的準備課程，包括GMAT、SAT、ACT、GRE，以及七到十二年級網路數學與英文教學課程。

果科特不斷在產品開發過程上求新求變，希望能持續地進步。他們目前依然秉持著謹慎、嚴謹的態度經營事業，位於舊金山辦公室的員工人數已超過二十人。果科特已經幫助了將近一百萬名的學生，相信一定能再幫助更多個百萬的學生。

三A的價值

果科特的例子可以用來解釋數據的三個A：可行性（actionable）、易理解性（accessible）、可檢視性（auditable）。

可行性

一份報告必須要展示出明確的因果關係，才會被視為具有可行性，否則就只是一個虛榮指標。果科特工作團隊一開始用來評估學習里程碑的報告，就非常明確地表明須要採取哪些行動才能複製出相同的結果。

反觀虛榮指標則不具備這樣的標準。以公司網站的點擊率為例，假設這個月我們獲得了創新高的四萬次點擊率，接下來要如何才能創造更高的點擊率？這要視情況而定。新的點擊次數究竟從何而來的？是來自四萬名新顧客，抑或全部來自一名超級活躍的瀏覽器使用者？造成高點擊率的原因是否與新推出的行銷或公關活動有關？到底何謂一次點擊？瀏覽器呈現的每一個網頁稱為一次點擊，還是所有圖像、多媒體的內容都可以計算在內？那些曾經坐在會議室裡為了如何計算次數而和他人爭辯地面紅耳赤的人，一定能瞭解這個問題。

虛榮指數之所以能造成嚴重的破壞，是因為它們對準的是人性的弱點。根據我的經驗，當數字向上攀升時，人們往往會認為是自己辛勤工作的功勞，不管他們當時做了什麼。這就是為何在會議上，行銷人員會認為數字攀升是因為推出新公關或行銷活動的關係，工程師則認為是因為他們為產品加入了新功能的關係。由於要探究數字改變的真正原因是一件相當花錢的工作，因此，大部分的企業管理人都選擇聽憑自己的經驗和參加會議者的集思做出判斷，然後盡快進行其他的工作。

不幸的是，如果數字向下滑落，眾人的反應則大相逕庭：一定是某人的錯！太多人或企業部門都非常地以自我為中心，認為自己所屬的部門是讓萬事萬物更美好的原因，一旦有問題發生，就指責其他搞不清楚狀況的部門扯後腿。要說這些部門會發展出一套屬於他們自己的術語、文化或防衛機制，去對抗他們那些成事不足、敗事有餘的笨蛋同事，大概也不會有人感到意外吧？

提供可行指數是解決這個問題的辦法。當因果關係一目瞭然時，人們比較容易從行為中學習。如果對行為的結果有清楚、客觀的認知，人類其實是天生的學習高手。

易理解性

企業員工與主管們通常會使用數據報告來幫助他們做決策，但是在大部分的情況下，他們並不瞭解這些報告的內容。不幸地，面對這個錯綜複雜的問題時，主管們也鮮少會為了更瞭解報表的內容，主動與負責整理數據的團隊攜手進行簡化數據報告的工作。各部門通常都將心力集中在學習如何使用數據得到他們想要的答案，很少會將數據當作是可以指導公司未來方向的真實市場反應。

所幸，錯誤使用數據還是有藥可救的。第一，報告內容愈簡單愈好，要能讓大家一目瞭然。請不要忘記這句話：「數據也是活生生的人。」讓報告淺顯易懂，最簡單的方法是使用有形、具體的單位來描述結果。何謂一次網站點擊？沒有人能給出肯定的答案，但是如果說到上網，大家的腦海裡都會出現一個人坐在電腦前的畫面。

這就是群組報表之所以成為學習數據黃金標準的原因：它們將複雜的行為利用以人為單位的報告呈現出來。群組分析報告通常像這樣：這是在這段期間使用過本公司產品的消費者中，表現出目標行為的顧客人數。IMVU的顧客表現出的行為有四種：下載產品、用自己的電腦登入、與其他顧客進行交談及升級使用付費服務。換言之，這份報告交代的是消費者與他們的行為，而不是一堆無用的小數點。試問，如果我們只提出與顧客面對面訪談的次數，你能看出IMVU成功與否嗎。好比，我們在某段時間內進行了一萬次的訪談，這到底是好還是不好？我們究竟是只訪問了一位非常喜歡和朋友聊天的人，還是訪問了十萬個只試過一次產品就放棄的人？除非有一份內容詳細的報告可以查閱，否則是不可能得到答案的。

隨著整體數目愈變愈大，數據的易理解性也愈發重要。如果我告訴你，某網站的點擊率由每月二十五萬次降到每月二十萬次，你大概很難瞭解這句話代表的意義，但是如果將這句話改成：某網站流失了五萬名顧客，你一定能馬上能瞭解它的意思，因為等於有滿滿一整個體育場的人放棄使用一樣產品。

第二，易理解性這個英文字同時也有方便性的意思，指團隊獲得報告資訊的方便程度。果科特在這方面做得非常出色，他們的系統每日都會準備好一份內含最新資訊的文件，供每一項分組測試及其他絕對信念假設使用。這份文件會寄發給公司內的每一位員工，他們的收件匣內每天都會收到一封新郵件，隨信附上的報告都經過精心編排，報告中每一項實驗的內容與結果都用淺白的文字做解釋，非常容易閱讀。

我們在IMVU開發的一個技術，對提高員工取得資訊的方便性很有幫助。由於我們將報告數據與其基礎內容視為產品本身的一部分，屬於產品開發部所有，因此，並未將它們分開儲存在另一個系統裡，只要透過員工帳戶直接在網路上登入，就可以查閱這些報告。

每位員工都可以隨時登入系統查看實驗報告，選擇需要的報告後，系統便會提供一頁簡單的結果摘要。久而久之，這些摘要就成了公司內部排解產品開發歧見的標準。每當有人需要資料支持他們的觀點時，他們就可以將報告列印出來帶到會議上使用，也不必擔心會有雞同鴨講的情形發生。

可檢視性

當獲悉自己在意的工作項目失敗了，大部分的人就會開始怪罪他人，怪罪傳達訊息的人、數據、主管、老天爺或任何其他可以想到的人事物。這時，優良數據的第三個A——可檢視性，就顯得格外重要。因此，我們一定要確保數據的可靠性。

IMVU的員工喜歡拿摘要報告炫耀自己學習到的資訊，藉以擺平爭論，但是過程總是不太順利。不論是主管、產品開發工程師或團隊，如果有一份可能扼殺他們寶貝專案的報告出現，辯輸的一方總是會質疑數據的正確性。

主管們大概不太願意承認這些質疑是普遍存在的現象，而且很不幸地，大部分的數據報告系統都無法對這些質疑做出適當的應變，有時是出於保護顧客隱私的善意，卻用錯了時間與地點，而發生質疑最常見的原因都是疏忽，未能在事前準備好因應的支援文件。產品開發部的工作是排定與製造產品功能，數據報告系統通常都不是產品開發部建立的，而是業務部主管與分析師建立的。使用這些系統的主管們只能查看報告是否相互一致，卻無法檢視數據是否與事實相符。

解決之道呢？第一，謹記「數據也是活生生的人」。這些數據必須要能以人工的方式進行測試，方法就是實際走入人群中訪問顧客，這是唯一可以檢查數據是否屬實的辦法。主管們須要培養在真實顧客身上抽查數據的能力。在顧客中進行抽查還有另一項好處：數據系統若有這等檢視能力，可以提供管理人與創業家一個機會深入瞭解顧客為何會做出數據所顯示的行為。

第二，建立報告者必須盡量降低報告架構的複雜性。可能的話，報告內容應該直接引用主要來源提供的數據，不要使用中介系統提供的數據，才能降低錯誤發生的機率。我發現，每次團隊的判斷或假設因為數據處理的技術問題被推翻時，他們的信心、士氣與紀律都會受到損害。

＊＊＊

好萊塢電影、書籍、雜誌是創造神話的能手，但是它們描述創業成功故事使用的模式幾乎千篇一律。首先，我們會看到勇敢的主人翁突然有所頓悟，想出了一個絕妙的新點子。故事中會介紹主角的性格與人格特質、他們是如何占得天時地利人和，以及他們是如何邁開創業那關鍵的一大步。

接著，蒙太奇的手法開始了，通常是數分鐘依時間推移的相片或旁白。我們看到主人翁組成了一個工作團隊、在實驗室裡工作、在白板上做沙盤演練、業務成交、敲著電腦鍵盤等。蒙太奇結尾時，創辦人個個事業有成，故事跟著往下發展到比較有趣的部分：如何分配戰利品、誰上雜誌封面、誰要告誰，以及對未來的隱喻。

可惜，真正決定初創事業成功的因素，都集中在蒙太奇那一段敘述中，它擠不進主要故事情節中的原因，是因為它太無趣了。在創業過程中，只有百分之五的部分是關於偉大的構想、企業經營模式、白板策略發想及戰利品的分配，其他百分之九十五的部分，都是須要創新審核法評估的實際工作，包括：決定產品開發工作的優先順序、決定目標市場區隔、不斷進行測試、搜集回應用以堅持偉大願景的勇氣。

但是最困難、最耗時、最浪費資源的決定終究還是現形了，這也是每個人都必須面對的重要試驗：決定何時該進行軸轉、何時該堅持到底。要瞭解蒙太奇裡發生的事，必須先學會如何軸轉，這就是我們要討論的下一個主題。

八

軸轉（或堅持）

何時該進行軸轉、何時該堅守到底？我們取得的進展是否足以證明原來的策略假設是正確的？抑或我們須要做出重大的改變？

〈關鍵概念〉

・十大軸轉類型

每一個創業家在嘗試開發一個成功產品的過程中，遲早都要面對一個最關鍵的挑戰：決定何時該進行軸轉、何時該堅守到底。到目前為止，我們討論過的所有內容都不過是以下這個看似簡單的問題的前奏曲：我們取得的進展是否足以證明我們原來的策略假設是正確的？抑或我們須要做出重大的改變？這個改變即所謂的軸轉：它是一個有組織性的路線更改，用以測試有關產品、策略、成長引擎的全新基礎假設。

由於精實創業建基在科學的方法論之上，人們誤以為在決定軸轉或堅持的問題上，它會有一個嚴格精確的方程式可供使用，事實上並非如此。洞察力、直覺、判斷等人類主觀因素，是無法從創業行動裡抽除的，也絕非大家所希望的。

我提倡初創事業使用科學方法的目的，是希望人類的創意能發揮到極致，而創意最大的殺手，莫過於錯誤的堅持。企業若無法在市場反應的基礎上重新調整發展方向，將來也許會落入求生不得、求死不能的境地，會不斷地消耗員工與其他利益關係人提供的資源及承諾，卻完全無法向前移動。

依賴判斷行事未嘗不是件好事。人們不但有學習的能力、與生俱來的創造力，更有在混沌中看見警訊的超能力，有時甚至可以感受到看不見的訊號。科學方法的中心思想是，雖然人類的判斷不一定正確，卻可以透過重複的測試來驗證其理論是否正確。

初創事業的生產力指的不是創造更多的工具或功能，而是藉由一項事業或產品創造價值、刺激成長的能力。換言之，正確而成功的軸轉能讓我們的事業走上永續經營的道路。

創新審核法加快軸轉的腳步

讓我們來看看選民網站（Votizen）執行長大衛．柏納提（David Binetti）如何實踐這個過程。大衛致力於幫助美國政治跨進二十一世紀已有很長的一段時間，他在九〇年代為美國聯邦政府架設了第一個入口網站USA.gov。在創業之路上，大衛也曾經歷過數次典型的失敗，到了要成立選民網站時，他決定這次不把所有的賭注押在他的願景上。

大衛決定要挑戰政治進程中公民參與的部分。他的第一個產品構想，是成立一個選民社群網站，一個讓關注公共議題的民眾可以共同參與、分享意見、認識新朋友的地方。大衛在三個月內花了約一千兩百美元，製作並推出了他的第一個最小可行產品。

大衛製作的東西絕非**無人**問津，事實上，選民網站從推出的第一天開始，就吸引了對其核心理念有興趣的早期採用者。大衛也和其他創業家一樣，在過程中必須逐步改善其產品與經營模式。對大衛而言，最困難之處在於他必須在網站發展其實十分平順的狀況下，做出軸轉的決定。

大衛最初的構想包含了四個絕對信念的主要假設：

一、顧客一定會對這個社群網站有興趣，而且願意報名（註冊成為會員）。

二、選民網站可以驗明顧客是否已登記成為選民（啟動帳戶）。

三、選民身分已經驗明的顧客會經常使用網站的行動工具（重複使用）。

四、經常使用網站的顧客會告知其朋友有關這個網站的服務，而且會招集他們關注公眾議題（推薦）。

經過三個月的製作、花費一千兩百美元，大衛的第一個最小可行產品在眾人的面前出現了。一開始的群組分析顯示，有百分之五的人登記使用網站服務，有百分之十七的人表明他們的選民身分（見表二）。由於數字太低，無法瞭解使用者會如何利用網站的服務，也無從得知他們是否會邀請親友共同來關心議題。因此，必須重新進行訪問。

大衛又花了兩個月的時間與五千美元，對新產品功能進行分組測試、對外發放消息、並著手改良產品的設計，讓它更容易使用。從這些測試中可以看到明顯的改變，註冊人數從百分之五上升至百

	首版最小可行產品
登記註冊	5%
啟動帳戶	17%
重複使用	太低
推薦親友	太低

表二

分之十七，帳戶啟動率也從百分之十七飆升至超過百分之九十。這就是分組測試的威力。這項產品優質化的工作讓大衛獲得了非常多的顧客，足夠進行接下來兩大絕對信念假設的測試。然而，測試後的結果反而更令人氣餒（見表三），推薦率只有百分之四，重複使用率只有百分之五。

大衛知道他必須做更多產品開發上的改良與測試。接下來的三個月，他不斷地進行產品改良與分組測試的工作，並且想辦法改進他的發展方式。他親自訪問顧客、進行小組訪談以及無數的分組測試。我們在第七章中解釋過，在分組測試中，兩個不同版本的產品同時提供給兩組不同的顧客使用，觀察比較兩組顧客在行為改變上的差異，藉此對不同版本產品的影響力做出推論。表四顯

	首版最小可行產品	改良後的最小可行產品
登記註冊	5%	17%
啟動帳戶	17%	90%
重複使用	太低	5%
推薦親友	太低	4%

表三

	產品改良前	產品改良後
登記註冊	17%	17%
啟動帳戶	90%	90%
重複使用	5%	8%
推薦親友	4%	6%

表四

示，推薦率稍稍上升至百分之六，重複使用率則提升至百分之八。可憐的大衛對他又花了八個月、兩萬美元的結果感到非常失望，產品並未依照他所期望的成長模式發展。

這時，大衛面臨了公司是否該進行軸轉或堅守初衷的挑戰，這是創業家最困難的決定之一。訂定學習里程碑的用意，不是要讓決定的過程變得容易，而是希望決定在相關資訊充足的情況下完成。

請注意，大衛在這個階段已經訪問過許多顧客，他已經獲得了足夠的資訊，可以用來解釋現有產品失敗的原因，許多創業家也是如此。在矽谷，當一家公司取得些微成績——只夠維持基本生存——卻無法達到創辦人與投資人的期望時，我們稱這種狀況為求生不得、求死不能，這樣的公司只會浪費大量的人力。基於對公司的信念，員工與創辦人也不願就此認輸，他們認為成功應該就在不遠處。

所幸，大衛有兩項優勢可以讓他避免求生不得、求死不能的命運：

一、雖然他立下的是一個不易達成的宏願，幸好他盡力在最快的時間內推出產品、進行重複試驗。因此，他在公司成立八個月時，就走到了決定軸轉或堅持的轉捩點上。一家公司花的金錢、時間、人力如果愈多，要進行軸轉就愈困難，大衛的行事讓他避免了這個陷阱。

二、大衛在一開始就清楚地做出了絕對信念的假設，更重要的是，他對每一項假設都訂出了可以量化的預測。如果回溯創業初期，他大可以宣稱公司成功了，因為某些數據的確能讓人刮目相看，例如他的帳戶啟動百分比表現得很好，使用總人數等整體數字亦有不錯的增長。大衛之所以能接受失敗的事實，是因為他每項絕對信念假設所使用的數據都是可行指標。同時，由於大衛沒有在公司尚未成熟時浪費資源冒然進行公關活動，因此他可以在心無旁騖的情況下做出軸轉的決定，也無須尷尬面對輿論。

學習的先決條件是失敗。如果你有將產品寄出看會發生什麼事的想法，那我向你保證——你一定可以看見發生什麼事。問題是然後呢？一旦你手上有了一些顧客，可能就會出現五種不同的意見，告訴你接下來該做什麼，你該聽誰的呢？

其實選民網站的成績並不差，但是也不夠好。大衛覺得，各項數據雖然在產品改良後有所提高，卻沒能朝向永續經營的模式前進。幸好他和所有優秀的創業家一樣，未因此放棄，他決定進行軸轉，測試一項新假設。軸轉的模式是，當你一隻腳在進行基本策略的改變時，另一隻腳必須穩紮在既得資訊的基礎上，如此才能獲得更多驗證後的學習心得。在大衛的例子裡，事實證明他與顧客的直接互動是非常關鍵的。

大衛經常在實驗中重複聽到以下三個回應：

一、「我一直都想多多參與，這項服務讓參與變得容易許多。」

二、「證明我是選民這件事很重要。」

三、「這裡又沒人，回來有什麼意思？」[1]

於是大衛決定進行我所謂的**推近軸轉**（zoom-in pivot）行動，將焦點從過去一整個的大範圍縮小至其中的一個點。從上述顧客意見中可以瞭解：顧客喜歡網站的概念，喜歡選民註冊功能，但是找不到網站提供的社群互動價值。

大衛決定將選民網站改名為@2gov，一個「社群遊說平台」。與其將顧客整合在一個討論公眾議題的社群網站裡，@2gov讓他們透過現有的社群網絡，例如Twitter，輕鬆快速地與民選代表聯繫。顧客雖然以數位方式參與，但是@2gov會將這些數位聯繫過程轉成書面內容遞交給國會議員，因此，國會議員收到的是傳統的信件與請願書。換言之，@2gov是依據政治圈的低科技標準，來轉達顧客的高科技世界。

@2gov的絕對信念假設與過去有些不同，雖然它仍舊需要顧客註冊成為會員、驗明他們的選民身分、推薦他們的親友，但是成長模式改變了，它不再是一個需要顧客積極使用的服務（「黏著式」成長），而成了一個著重交易的平台。大衛的新假設是，熱情的激進民眾會願意付費讓@2gov代替關心切身議題的選民們，加強與國會議員的聯繫。

大衛又花了四個月、三萬美元製作了新的最小可行產品。直至當時，他已經花了總共五萬美元和十二個月的時間在這個事業上，所幸新一輪的實驗得到的結果相當不俗：登記註冊率百分之四十二、啟動帳戶率百分之八十三、重複使用率百分之二十一、推薦親友的部分則狂飆至百分之五十四，可惜願意付費的激進使用者只有不到百分之一，即使大衛改良了產品，每筆交易得到的價值仍不足以創造出一個能夠獲利的事業。

在討論大衛下一次軸轉之前，我們先來看看其驗證後的學習心得多麼具有說服力。大衛希望他的新產品能提高其絕對信念假設的數值，他也真的做到了（見表五）。

這個成績並非大衛加倍努力獲得的，而是他經過思考，聰明地將產品開發資源運用在新的、不一樣的產品上獲得的。與先前改良產品的四個月相比，進行軸轉的這四個月的投資報酬率明顯高出許多，但是大衛依舊逃不過掉進創業家長久以來無法避免的陷阱裡——數據與產品都在進步，速度卻不夠快。

大衛再一次進行了軸轉。這次，他不再仰賴激進顧

	軸轉前	軸轉後
成長引擎	黏著式	付費式
登記註冊	17%	42%
啟動帳戶	90%	83%
重複使用	8%	21%
推薦親友	6%	54%
收入	無	1%
終身價值	無	極低

表五

1 http://www.slideshare.net/dbinetti/lean-sartup-at-sxsw-votizen-pivot-case-study。

客的會費，轉而去接觸與政治活動有利益關係的大規模組織、資金籌募公司及大企業。這些公司似乎都迫不及待地想要掏錢使用大衛提供的服務，大衛動作迅速地與他們簽訂了意向書，積極建立他們需要的功能。這次的軸轉，大衛進行了我所謂的**顧客區隔軸轉**（customer segment pivot），即維持原有的產品功能，但是改變目標對象，他把焦點從消費者身上轉移到企業與非營利機構，換言之，他將公司由企業對消費者的型態（business-to-consumer，簡稱B2C），轉成企業對企業的型態（business-to-business，簡稱B2B）。在過程中，他也將原先的成長模式改成由企業對企業型態所得利潤支持的成長模式。

三個月後，大衛依照當初簽訂的意向書，製作好他所承諾的產品功能，但是當他回去向這些公司收取支票時，發現了更多的問題。這些公司採拖字訣，遲遲不願付款，最終放棄與大衛合作。這些公司簽訂意向書時表現十分地興奮，孰知與他們成交卻異常困難。結論是這些公司皆非早期採用者。

當初由於簽訂了意向書，大衛增加了公司人手，僱用了額外的業務人員與工程師，為服務高利潤企業客戶做準備。不料生意沒有做成，迫使整個工作團隊必須更加努力尋找其他的收入來源。不幸的是，不管打了多少通銷售電話，做了多少的產品改良，這個模式似乎一點作用也發揮不了。回頭檢視絕對信念假設，大衛認為結果推翻了他的企業對企業假設，於是他決定再次軸轉。

這一次，大衛從潛在顧客身上學習、獲得回應，但是其實公司已經難以為繼，薪水都快發不出來，若對外籌募資金勢必更加困難，因為無法向投資人證明他們具有牽引大眾的能力。就算籌到資金讓公司得以繼續運轉，也只是把錢砸進一個毀滅價值的成長引擎裡，他面對的壓力會更大，因為他只有兩條出路：一是用投資人的錢讓成長引擎轉動，二是關門大吉（或被撤換）。

大衛於是決定裁撤部分員工後進行軸轉，這次使用的是我所謂的**平台軸轉**（platform pivot）策略。受到Google AdWords平台的啟發，大衛構思了另一個新的成長模式，不再一次只針對一位顧客進行銷售。他開發了一個自助式的銷售平台，只要有信用卡就可成為會員。因此，不論是哪些話題引起你的興趣，@2gov都可以為你找到新的群眾一起參與。當然，新會員還是得證明他們的選民身分，他們的意見才具有讓政治人物重視的分量。

新產品只花了一個月就製作完成，而且立刻就看到了成效：百分之五十一的登記率、百分之九十二的帳戶啟動率、百分之二十八的重複使用率、百分之六十四的推薦率（見表六）。最重要的是，有百分之十一的顧客願意花二十美分發表一條訊息，這才是真正可行成長模式的開始。每條訊息收取二十美分聽起來很少，但是它的高推薦率代表@2gov不需要支出大量的行銷經費，就能創造高網站流量（即病毒式成長引擎）。

選民網站的故事展示了一些常見的模式，值得注意的是其最小可行產品製作的速度，第一個最小可行產品花費八個月的時間完成，接下來的製作時間是四個月、三個月、一個月。大衛每一次都能夠用比前次更快的速度，去驗證或推翻新的假設。

我們要如何解釋這樣的速度呢？大家可能很自然地將功勞歸於產品開發部的努力，認為他們製作了許多功能，也因此建立了部分基礎建設，所以公司每一次的軸轉都不須要一切從頭來過。但是這並非事實的全部，起碼在兩次軸轉之間，有許多部分都必須摒棄，更糟的是，剩下的部分會被視為舊產品，不再符合公司的目標，若要進行修改，必須要花上額外的功夫。大衛透過每一個里程碑辛苦學到的經驗，都是與這些外力抗爭得來的。選民網站之所以能夠加快最小可行產品的製作過程，是因為它從顧客、市場與策略上獲得了重要的資訊。

成立至今兩年，選民網站發展得相當不錯，他們剛獲得Facebook首位投資人彼得・希爾（Peter Thiel）提供的一千五百萬美元資金，這也是彼得・希爾近年來在消費性網路事業上罕有的投資。選民網站現在可以即時驗明四十七州顧客的選民身分，相當於全美國百分之九十四的人口，它也已經向國會遞交了數萬份選民的意見。創業簽證（Startup Visa）運動就是透過選民網站的工具提出《創業簽證法案》（S.565），這也是第一項以社群遊說的力量向參議院提出的法案。這些行動引起了華盛頓權威顧問的注意，考慮在往後的政治活動中採用選民網站的工具。

大衛・柏納提為他的精實創業經驗做了以下的結論：

二〇〇三年，我成立了一家公司，類似我現在的公司，我那時擁有的領域專業知識與業界的信譽，也與當初成功創立USA.gov時差不多，但是那家公司根本就是一塌糊塗（儘管使用了大量的資金）。相較之下，我現在的公司不但能獲利，業務也能成交。過去我使用的是傳統直線式產品開發法，花了十二個月的時間推出一項令人讚嘆的產品（是真的），卻發現沒有人有興趣購買。這次我在十二週內製作了四個版本的產品，隨即做成了第一筆生意，這與時機無關——兩家二〇〇三年成立的同類型公司後來賣了數千萬美元，但是其他以直線模式在二〇一〇年成立的公司都直接掉進了無法自拔的泥淖裡。

允許軸轉的次數決定初創事業跑道的長度

經驗豐富的創業家經常會談論其初創事業跑道剩餘的長度，亦即初創事業起飛或失敗前還能在跑道上滑行的時間。有人用銀行帳戶現金餘額除以每月燒錢的數目

	軸轉前	軸轉後
成長引擎	收費式	病毒式
登記註冊	42%	51%
啟動帳戶	83%	92%
重複使用	21%	28%
推薦親友	54%	64%
收入	1%	11%
終身價值	極低	每訊息二十美分

表六

來決定，也有人用淨消耗額來計算。例如，某家初創公司銀行裡還剩下一百萬，每個月如果花十萬，它剩下的跑道長度就是十個月。

當初創事業資金告急時，他們有兩個方法可以延伸跑道：節省開支或籌募更多的資金。假若創業家不分青紅皂白貿然緊縮預算，他們很可能在刪除不必要的浪費時，也把開發—評估—學習循環週期所需的預算也一併刪除了。如果這個刪除預算的舉動造成週期循環的速度變慢，他們的貢獻就是讓這個初創事業晚一點被淘汰。

測量跑道剩餘長度的正確方法，是計算初創事業還能再進行幾次軸轉：可以做出改變企業根本策略的機會。從軸轉的角度而非時間來測量跑道長度，意味著另一種延長跑道的可能性：縮短軸轉與軸轉之間的時間。換言之，初創事業必須想辦法在較低的預算下，或較短的時間裡，獲得等量的驗證後學習成果。到目前為止我們討論過的精實創業技巧，都把這個標準當作首要的目標。

軸轉需要勇氣

幾乎所有的創業家都會告訴你，他們恨不得當初能早點做出軸轉的決定。我認為原因有三：

第一，虛榮指數讓創業家得出錯誤的結論，讓他們以為自己活在真實的世界裡。這個原因對軸轉的決定造成極大的損害，因為它否定了團隊支持軸轉的認知。當人們被迫與其正確的判斷相抗衡，過程會更艱辛、需時會更久，也會造成較不明確的結果。

第二，如果創業家的假設不明確，幾乎可以斷定他不會有完整的失敗經驗，沒有失敗也不會有積極點燃軸轉的動力。我之前提過，「推出產品看會發生什麼事」的作法帶來的失敗很明顯：你一會成功——看到發生什麼事。絕大部分採用這個方式的初創事業，在初期都無法得到清楚的結果，導致你無法確定到底該軸轉、還是堅持，該改變方向、還是堅守崗位。

第三，許多創業家都不夠勇敢。承認失敗可能會危害士氣，但是大部分創業家最害怕的其實不是證實其願景是個錯誤，而是他的願景還沒有機會接受驗證就被賜死了。這種恐懼導致創業家抗拒製作最小可行產品、分組測試及其他驗證假設的方法。諷刺的是，這種恐懼反而會造成更大的風險，因為願景若不能完全攤在陽光下，就無法進行實驗，拖到最後資金耗盡，就會錯失軸轉的良機。要避免這樣的命運，創業家必須面對他們的恐懼，而且在眾人面前失敗的準備。事實上，這個問題對擁有高知名度或某著名企業一分子的創業家而言，難度是加倍的。

矽谷一家新成立，取名為Path的初創事業，是由多位身經百戰的創業家們所創辦的：大衛．墨林（Dave Morin），Facebook平台建構負責人；達斯汀．米亞羅（Dustin Mierau），Macster產品設計師兼共同發明人；西恩．法寧（Shawn Fanning），Napster明星創辦人。他們決定於二〇一〇年推出一個最小可行產品。由於幾位創辦人的高知名度，這個消息吸引了媒體強烈的關注，尤其是來自科技與初創事業部落格的報導。不幸，他們的目標對象並非科技的早期採用者，而且初期各大部落格的反應都十分負面。（許多創業家因為害怕市場出現此類反應，會影響整個公司的士氣，於是放棄推出產品。在我們「出身」的業界，媒體正面報導的影響力是非常驚人的。）

所幸，Path團隊勇敢地對這種恐懼視而不見，只專注在顧客的反應上，才得以從真實顧客身上獲得重要的早期回應。Path的目標是要創造一個較為個人化、品質經得起時間考驗的社群網絡。相信很多人都有被現有社群網絡過度連結的經驗，必須與舊同事、高中同學、親戚、現在的同事等一大堆人分享資訊。朋友團人數這麼多，很難與人分享較為私密的心情。Path採用了一個特別的方式，例如，它限制客戶只能儲存五十位朋友，這是依據牛津大學人類學家羅賓．登巴（Robin Dunbar）的大腦研究結果訂定的。登巴教授的研究報告指出，每一個人一生中的每一段特定時間內所能維持的人際關係約為五十人。

對科技媒體成員（及許多科技早期採用者）而言，這項對朋友人數的「反自然」限制是一種詛咒，他們經常使用新的社群網絡產品與上千個朋友聯繫，只能有五十個朋友對他們來說太少了。為此，Path忍受了許多很難視而不見的公開批評。出乎意料的是，顧客一批接著一批湧向這個使用平台，他們的反應也與媒體的負面聲浪完全不同，他們很喜歡能擁有與朋友分享私密心情的時刻，而且不斷要求不在規劃之列的產品功能，例如，與人分享朋友的照片如何感動他們的心情的功能，以及分享「影音片段」的功能。

大衛．墨林將他的經驗總結如下：

> 人們因為我們的團隊實力與我們的背景，對我們築起了一面巨大的希望之牆。我其實不認為我們推出的東西有什麼了不起，但是大家對我們的期望實在太高了。對我們而言，我們該做的，不過是將產品和願景呈現給大家，得到回應，然後開始重複修正的工作。我們懷著謙卑的心測試理論與方法，想瞭解市場的意見、實實在在地傾聽大家的反應，然後繼續朝我們認為能為這個世界創造價值的方向求新求變。

Path的故事只是一個開始。值得一提的是，他們面對批評的勇氣總算得到了代價，即使他們須要進行軸轉，相信也不會被恐懼打倒。Path最近募得了一筆來自KPCB（Kleiner Perkins Caufield & Byers）八千五百萬美元的創投資金，媒體更披露Path拒絕了Google以一億美元將之購併的提案。[2]

---

2 更多Path訊息請見http://techcrunch.com/2011/02/02/google-tried-to-buy-path-for-100-million-path-said-no/及http://techcrunch.com/2011/02/01kleiner-perkins-leads-8-5-million-round-for-path/。

軸轉或堅持討論會

決定是否軸轉必須要有耳聰目明的客觀心態。我們已經討論過公司須要軸轉時會出現的訊號：產品測試的效力降低，以及工作團隊一致認為產品開發部的生產力須要加強。無論這些症狀何時出現，都應該考慮是否進行軸轉。

對任何一個初創事業來說，軸轉的決定摻雜了許多的情緒，卻必須在架構規範下進行。事先安排一個討論會議，可以減輕這項挑戰的難度，因此我建議每一個初創事業定期舉行一場「軸轉或堅持」討論會。根據我的經驗，每隔幾週就舉行一次太頻繁了，每隔幾個月舉行一次又太少，初創事業必須視自身的需要決定會議的頻率。

產品開發部與業務團隊主管必須參加每一次的軸轉或堅持討論會。在IMVU，我們還邀請了公司以外的顧問參與，幫助我們避開先入為主的觀念，用新的方式詮釋數據。產品開發團隊必須帶著過去到現在的每一份（不是只有最新一期）完整產品改良結果報告，同時也要將這些結果與期望（也是從過去到現在）做一個分析比較。業務主管們也必須帶著詳細的現有與潛在顧客訪談內容與會。

讓我們來看看「財富最前線」公司（Wealthfront）戲劇性軸轉的實際行動過程。該公司由丹・卡羅（Dan Carroll）於二〇〇七年創辦，安迪・瑞可利夫（Andy Rachleff）旋即加入擔任首席執行長。

安迪在矽谷是一位響叮噹的人物，他是著名創投公司基準資本（Benchmark Capital）的共同創辦人與前合夥人，同時任教於史丹福大學商學院研究所，教授多門關於科技創業的課程。我與安迪初識時，他正在進行IMVU的個案研究，用來教授學生有關我們創立公司使用的過程。

「財富最前線」的目標是為投資大眾瓦解共同基金行業，讓它更透明化，提供大眾一條取得資訊的管道，並且提高它的整體價值。「財富最前線」之所以特別，不是因為它現今的成就，而是因為它一開始是一家網路遊戲公司。

「財富最前線」之前稱為「收銀機」（kaChing），一般認為它是以業餘投資人為對象的虛擬社團，人們可以在此開設一個虛擬帳戶，依據實際市場指數建立投資組合，但是不須投入真實的金錢。其實這家公司真正的意圖是希望能從瓦礫中尋找鑽石：那些缺乏資源無法成為基金經理人、卻擁有市場洞察力的業餘投資人。「財富最前線」創辦人的本意並非要成立線上遊戲公司，「收銀機」只是他們整體服務願景裡策略的一部分。破壞性創新學派的學生們一定會同意：「財富最前線」完全遵循了這個系統的流程，一開始先服務無力參與主流市場的顧客們，他們相信這個產品會隨著時間愈來愈精良，最後一定能讓使用者具備服務（及干擾）專業基金經理人的能力。

為了找出最優秀的業餘交易專家，「財富最前線」發明了能夠評定基金經理人交易技術的尖端科技，並且採用全美首屈一指的大學基金會用來評估投資經理人的嚴格標準。這些方法不但讓他們得以評估基金經理人創造的回報，也能得知經理人交易的風險高低，以及他們的行動與他們所聲稱的投資策略是否一致。因此，使用賭博方式（例如，超出其專業知識的投資決定）獲得高回報的經理人反而會排名在那些憑技巧打敗市場的經理人之後。

「財富最前線」希望透過「收銀機」遊戲測試兩項絕對信念假設：

一、會有相當大比例的遊戲使用者顯現出擔當虛擬基金經理人的本事，藉以證明他們的確能勝任真實市場的投資經理人（價值假設）。

二、這個遊戲會在病毒式成長引擎下成長，還會在免費增值的企業模式中創造價值。團隊希望部分的遊戲使用者，能夠透過這個免費的遊戲瞭解自己並不擅長做投資，願意在「財富最前線」開始提供真實的財富管理服務後，轉成付費顧客（成長假設）。

「收銀機」一推出就吸引了四十五萬名遊戲玩家加入，無疑是「財富最前線」初期的一大勝利。照理說你現在應該已經學會懷疑這類的虛榮指數。經營架構不是那麼嚴謹的公司這時可能已經開始慶祝了，認為他們的前途將是一片光明，由於「財富最前線」假設設定十分明確，因此他們會以較嚴格的標準來看待這個成果。一直到他們準備好推出付費金融產品，只找到七個有資格為他人做投資的業餘經理人，遠遠低於目標模式的預測。產品推出後，他們開始計算遊戲玩家轉成付費顧客的比例，但是同樣令人感到氣餒：轉換率幾近為零，他們的模式預測會有數百人登記付費，結果只有十四人。

團隊鼓起勇氣尋找改進產品的方法，卻找不到任何可能性。召開軸轉或堅持討論會的時刻到了。

如果所有能夠在會議上提出的資料只有上述的數據，那麼「財富最前線」的麻煩就大了，因為他們雖然知道現行策略行不通，卻不知道該怎麼修正，這正是為何本章稍早建議初創事業一定要準備替代方案的原因。「財富最前線」最後決定進行雙線調查。

第一條線是一系列訪問專業投資經理人的行動，第一個訪問對象是史丹福大學捐贈基金會主席約翰．鮑爾斯（John Powers），他所抱持的態度倒是出乎意料地正面。「財富最前線策略的基礎假設是，專業投資經理人一定不會願意加入他們創造的系統，因為這個系統的透明度太高，對他們的權威會造成一定的威脅」。鮑爾斯卻不這麼認為。於是，執行長安迪．瑞克利夫（Andy Rachleff）決定訪問專業投資經理人的意見。他得出的結論如下：

一、成功的專業投資經理人對高透明度並無所懼怕，他們反而認為可以驗證他們的技術。

二、投資經理人在管理與擴展事業上面臨了嚴峻的挑戰，服務現有客戶的難度讓他們的業務受到影響，因此，在挑選新客戶時必須要求最低投資額度的限制。

上述第二個問題較為棘手，有些專業經理人會主動致電「財富最前線」，提出加入的意願，讓「財富最前線」在應對時得小心翼翼。這些人是典型的早期採用者，他們的眼光超越了現有產品的格局，能夠看到未來產品將帶給他們的競爭優勢。

另一個重要的資訊來自與消費者的對話。消費者認為「收銀機」結合虛擬與真實的財富管理服務的作法令人感到混淆，這個免費增值策略非但不是一個爭取客戶的好點子，反而模糊了公司的定位。這個訊息點醒了參加軸轉或堅持討論會的人，在無人缺席的情況下，大家對未來的作法提出了不同的看法。雖然現行的策略已經被證實是不可行的，但是許多員工對於放棄線上遊戲的決定感到憂心，畢竟這是他們當初獲聘的重要任務之一，他們為客戶付出了許多寶貴的時間與心血製作這項產品，一旦得知產品被放棄，心中的痛苦可想而知。

「財富最前線」瞭解到，他們必須改變目前的企業型態，因此，他們非但沒有感到難過，反而認為獲得這麼重要的情報是一件值得慶祝的事。倘若當初他們沒有推出目前的產品，他們永遠都不會得知公司須要軸轉。其實，這次經驗讓他們瞭解到願景中的一個重要事實。誠如安迪所言：「我們真正想要改變的並非由誰管理金錢，而是找出擁有最佳才能的人選。一開始我們認為公司應該由業餘經理人組成，然後拋磚引玉，帶動專業經理人加入，後來幸運地發現這是沒有必要的。」

該公司放棄了所有的遊戲客戶，進行了軸轉，這次將經營重點放在由專業經理人提供的投資服務上。表面上看來，這項軸轉行動似乎十分戲劇化，他們改變了定位、公司名稱及合夥策略，甚至放棄了大部分已經完成的工作，但是，它的核心價值大半維持不變。他們最重要的一項成果，是開發了評估經理人成效的技術，這也是轉型後的公司發展的根基。軸轉通常不須要丟棄所有過去完成的工作才能重新出發，而是要賦予已完成的工作新的目的，將學習得到的資訊用在新的策略上，以便找出更正確的方向。

進行軸轉讓「財富最前線」獲得了豐碩的成果，他們的平台目前有超過一億八千萬美元的資金在流動，由超過四十位專業經理人負責操作[3]，最近還獲《雨後春筍》(*Fast Company*)雜誌遴選為金融界十大最創新的公司之一[4]。該公司不斷維持其經營上的靈活性，本著第十二章中介紹的成長原則成長茁壯，它同時也是名為「持續部署」(continuous deployment)發展技巧的主要擁護者，我們將於第九章中討論。

沒能即時軸轉的後果

軸轉是一項非常困難的決定，許多公司都未能做到。我希望我能在每一次須要軸轉的時刻，都能說出我處理得很好，卻未曾發生過。我對某次軸轉不成所造成的失敗，印象特別深刻。

---

3 截至二〇一一年四月一日，擁有約三千萬美元管理資產及約一億五千萬美元的行政資產。

4 更多「財富最前線」資訊，請見莎拉．米爾斯登(Sarah Milstein)撰寫的個案研究：http://startuplessonslearned.com/2010/07/case-study-kaching-anatomy-of-pivot.html。更多關於「財富最前線」近期成績，請見http://bits.blogs.ntimes.com/2010/10/19/wealthfront-loses-the-sound-effects/。

IMVU成軍數年後，公司非常地成功，月收入超過一百萬美元，為我們的顧客創造了超過兩千萬個「替身」。我們打算趁此機會籌募更多的資金，就像當時的全球經濟一樣騎在浪頭上，殊不知危險已在背後虎視眈眈。

初期的成功讓我們忽視了背後仍須遵守的原則，於是就在不知不覺中掉進了初創事業最典型的陷阱裡，完全不曾注意到公司有軸轉的需要。

我們創建的這個組織是如此擅長前幾章討論過的工作：製作最小可行產品測試新構想，然後進行實驗調整成長引擎。在我們還未來得及享受成功之前，就有人對我們使用的「低質量」最小可行產品和實驗方式提出忠告，規勸我們要將速度放慢，希望能做對的事，將重心放在品質上，而不是速度上。我們故意忽視這些勸告，因為我們希望向大家強調速度的好處。後來有人為我們的作法辯護後，我們收到的建議不同了，大部分不外乎是「成功說明了一切」，鼓勵我們堅持到底。我們比較喜歡後來的建議，但是它同時也是錯的。

還記得製作低質量最小可行產品的理由嗎？因為製作超出早期採用者需要的功能都是一種浪費。然而，這個邏輯僅適用至此，當早期採用者接納了產品後，你會希望主流顧客也能接受，但是主流顧客與早期採用者的需求並不相同，而且比他們更挑剔。

我們須要進行的軸轉稱為顧客區隔軸轉，進行這類軸轉的前提是，公司知道它正在製作的產品可以為真實的顧客解決真實的問題，這些真實的顧客並非公司最初設定的目標對象。換言之，產品假設只有部分是正確的。（本章敘述的選民網站例子即為此類軸轉。）

顧客區隔軸轉在執行上特別困難，以IMVU為例，對早期採用者有效的作法未必對主流顧客有效，也許正好相反。我們當時對我們的成長引擎如何運作並不太瞭解，而且開始相信起虛榮指數、不再以學習里程碑約束自己，因為追蹤一天天增長、令人興奮的數字要方便容易得多，例如，破紀錄的付費顧客與活躍使用者人數、監測顧客保留率——所有你能想到的。私底下，看得出轉動引擎獲得的回報正逐漸降低，這其實就是公司須要進行軸轉的典型訊號。

舉例來說，由於產品啟動率（新顧客變成活躍使用者的比例）一直沒有起色，我們於是花了數個月的時間想辦法改善這個情況。我們進行了無數次的實驗，包括：提高可用性、新的遊說技巧、刺激方案、顧客調查及增加其他類似遊戲的功能。我們用嚴格的標準進行分組測試，很多新功能與新行銷工具單獨測試的結果都非常成功，但是集合起來經過多月的測試，卻看不到成長引擎的驅動程式有任何顯著的改變，就連我們最關注的帳戶啟動率，也只微升了幾個百分點。

我們之所以會忽略軸轉的訊號，主要是因為公司當時仍處在不斷成長的狀態，每月業績「持續增長」。不過，我們的早期採用者市場很快就探底了，願意付費的顧客愈來愈難找。我們要求行銷團隊加把勁爭取顧客，他們不得不往主流市場去尋找。但是，主流顧客對新產品的包容性不如早期採用者高，可想而知我們的新客戶帳戶啟動率與付費率因此開始下降，相對地，爭取顧客的成本就逐漸增加。很快地，我們的成長曲線變成了水平線，我們的引擎發出劈啪聲停了下來。

由於拖了太久才著手解決問題，不得不回到基礎點重新開始，感覺像公司的第二次成立。我們之前的改良、調整、重複等工作都做得非常好，在過程中卻忘了這些工作的目的：在公司願景的監督下，對明確的假設進行測試。我們變得一味追求成長、收益與利潤。

我們必須重頭開始認識新的主流客戶。互動設計師依照成本昂貴的面對面訪談與觀察結果，擬出了一個清楚的顧客模型。接下來，必須投入大量的資金，對產品進行大刀闊斧的整修，提高它的可用性。由於微調產品的花費甚巨，決定進行成本較低的低風險、低成果實驗。其實，注重品質、設計、投入大型專案，並不須要放棄科學實驗的本質。相反地，一旦瞭解了造成錯誤的原因、進行軸轉後，這些技巧反而更有幫助。我們製作了一個實驗用的產品版本，例如第十二章中所述，並組成了一個跨功能團隊，專門負責這個主要的重新設計工作。他們一邊製作，一邊不斷將新設計拿來與舊產品做比對測試。一開始不出所料，新版本表現地比舊版本差勁，不但缺乏舊版本的某些特點與功能，還出現了許多新的錯誤。工作團隊努力不懈，繼續進行改良，終於在幾個月後讓新版本青出於藍。這項新產品便成為了我們日後成長的基礎。

這個基礎的回報相當漂亮，截至二〇〇九年，年收入已經加倍超過兩千五百萬美元。要不是當初太晚進行軸轉，我們早就達成了這個成功的目標[5]。

軸轉的種類

軸轉有不同的種類，軸轉這個字眼常被人錯解成**改變**。軸轉是一種特殊形式的改變，專門用來測試產品的新基礎假設、企業經營模式及成長引擎。

推近軸轉（Zoom-in Pivot）

在這類軸轉中，舊產品其中一項功能會被選出做成一項新產品，這是選民網站進行的軸轉種類，從全方位的社群網站轉變為單純的選民聯絡站。

拉遠軸轉（Zoom-out Pivot）

與上述軸轉相反，有時一項功能並不足以撐起一整個產品，因此，拉遠軸轉是將這個產品

5 IMVU的成果曾在數個場合公開過，二〇〇八年請見http://www.worldsinmotion.biz/2008/06/imvu_reaches_20_million_regist.php，二〇〇九年請見http://www.imvu.com/about/press_releases/press_20091005_1.php，二〇一〇年請見http://techcrunch.com/2010/04/24/imvu-revenue/。

轉成另一個產品的其中一項功能。

顧客區隔軸轉（Customer Segment Pivot）

進行此類軸轉的原因是，公司發現它所製造的產品的確為真實的顧客解決了真實的問題，但是這些顧客並非他們原先設定的目標顧客。換言之，產品假設只有部分被證實，問題是解決了，受惠的顧客卻不是原先假設的。

顧客需求軸轉（Customer Need Pivot）

有一種情況是，當我們對顧客瞭若指掌後，會發現產品設定要解決的問題，對顧客而言並不是那麼重要。不過，由於對顧客已經有足夠的瞭解，我們通常會發現其他重要的相關問題，而且是在我們能力範圍內可以解決的，但是要解決這些所謂的相關問題，光是重新定位產品對很多初創事業來說是不夠的，有些甚至須要重新製作新的產品。這也一種假設被部分證實的情況：目標顧客有一個值得我們為他們解決的問題，只不過這個問題並不是當初我們鎖定的問題。

目前擁有兩百家以上連鎖店的啤酒肚三明治（Potbelly Sandwich Shop）是一個有名的案例，它在一九七七年成立時是一家古董店，老闆為了吸引顧客上門，突發奇想賣起三明治，他們很快就改變路線，做起完全不同的生意。

平台軸轉（Platform Pivot）

平台軸轉指的是從應用軟體轉型成平台，或平台轉型成應用軟體的改變，最常見的是，一心嚮往創造全新平台的初創公司，從銷售單一的殺手級應用軟體起家，後來他們創造的平台卻成了別家公司生產產品的工具。當然，發展順序並不一定是此，有些公司甚至須要進行多次軸轉。

企業架構軸轉（Business Architecture Pivot）

這類軸轉的概念來自傑佛瑞·摩爾（Geoffrey Moore），他觀察到企業一般都以兩種主要方式經營：高利潤、低貨量（複雜系統模式）或低利潤、高貨量（貨量經營模式）。[6]前者常見於企業對企業模式或企業銷售週期業務，後者則較常為消費性產品所使用（也有例外）。在企業架構軸轉中，初

6 摩爾的《市場達爾文法則》（Dealing with Darwin）對企業結構做了詳細的探討。「企業結構以兩個商業模式（複雜系統模式與貨量營運模式）中優先考量的模式為主，企業採用的模式不同，對創新種類的認知與執行方式也就不同。」更多資訊請見http://www.dealingwithdarwin.com/theBook/darwinDictionary.php。

創事業會改變其架構。有些公司從高利潤、低貨量改走大眾市場路線（例如Google的搜尋「器具」），而有些原本走大眾市場路線，最後發展成費時、高成本的銷售週期。

價值擷取軸轉（Value Capture Pivot）

擷取企業創造的價值有許多方法，這些方法通常被稱為商業化模式或收益模式，但是這兩個術語的意義都太過狹隘。商業化這個概念本身有一層隱性的意義，指稱商業化模式是一個可以隨意志增添或刪除的產品「功能」。實際上，擷取價值原本就是產品假設內含的一部分，改變一家公司擷取價值的方法，通常會對公司其他的部分、產品及行銷策略產生十分深遠的影響。

成長引擎軸轉（Engine of Growth Pivot）

我們將在第十章中介紹供應初創事業能量的三種主要成長引擎：病毒式、黏著式及付費式成長引擎。成長引擎軸轉的目的是為了加快公司成長速度，或創造更高的利潤。這類軸轉通常也須要改變擷取價值的方法，但是並非絕對。

通路軸轉（Channel Pivot）

在傳統業務專有詞彙中，一家公司將產品送到顧客面前的機制稱為銷售通路或鋪貨通路。

例如，消費性包裝產品的銷售地點在雜貨店、汽車的銷售地點在汽車經銷商、企業應用軟體是由顧問公司或專業服務公司銷售的（加上昂貴的客製成本）。一般而言，通路的要求會影響產品的定價、功能及競爭格局。當一家公司發現另一條通路可以提供相同的解決方案，而成效更高時，則適合進行通路軸轉。一旦公司放棄原來複雜的銷售流程，改為直接銷售給最終使用者時，就是在進行通路軸轉。

很明顯地，網際網路對銷售通路具有破壞性的效果，因為它破壞了產業過去倚賴的複雜銷售及鋪貨通路，例如報紙、雜誌、出版業等。

科技軸轉（Technology Pivot）

偶爾也會有這樣的情形出現：一家公司發現可以使用一項完全不同的科技達到同樣的效果。科技軸轉較常發生在經營多年的企業身上，換言之，科技軸轉等於持續創新，是一種漸進式改良，用以吸引與留住現有顧客基礎。經營多年的公司十分擅長這類軸轉，因為公司大部分都將維持現狀，顧客區隔不變、顧客問題不變、價值擷取模式不變、通路夥伴也不變，唯一的問題是，與現有使用的科技相比，新科技是否有能力提供產品更好的價位與表現。

軸轉是一種策略假設

正在學習商業策略的學生也許對以上有關軸轉的敘述並不陌生，但是我不認為軸轉的能力可以取代完善的戰略思維。著名的軸轉例證最大的問題，是它們讓人們只認識著名企業最終使用的成功策略，例如大部分的讀者都知道西南航空（Southwest）與沃爾瑪（Walmart）是低成本破壞模式的例子、微軟是平台壟斷的例子、星巴克則是善用優質品牌力量的例子。較不為人知的，是那些須要花功夫發掘類似策略的軸轉故事。許多公司都有一個強烈的動機，將公關活動與其英雄級的創辦人做連結，讓人覺得他們的成功是一個好點子必然產生的結果。

很重要的一點是，雖然初創公司經常會採用與某些成功企業相似的軸轉策略，我們不應該過度將兩者相提並論，因為無從辨別這樣的類推是否恰當。我們模仿到是精髓還是皮毛？在那個產業裡有效的方法，在我們的行業裡行得通嗎？過去行得通的方法現在行得通嗎？把軸轉視為一個需要用最小可行產品測試的新策略假設，也許可以幫助大家了解軸轉的意義。

對成長中的企業而言，軸轉是企業生命中一個永遠不可或缺的元素，初創公司即使獲得了初步的成功，還是必須不斷地軸轉。熟知科技生命週期概念理論家例如傑佛瑞・摩爾的人，應該對某些摩爾命名的後期軸轉種類不陌生：斷層（Chasm）、龍捲風（Tornado）、保齡球道（Bowling Alley）；哈佛大學教授克雷登・克里斯坦森為首的破壞性創新著述的讀者們，應該對已成立公司沒能在該軸轉的時候軸轉而失敗的故事較為熟悉。現代管理人必須具備能找出與其公司現實狀況相符理論的能力，他們才能在對的時間點應用對的建議。

今日的管理人們很難不被呼籲他們適應、改變、改造或顛覆其現有企業的著作洪流淹沒，這類著作大多是長篇大論的規勸告誡，卻少有明確的實際建議。

軸轉並不只是規勸企業改變的口號而已，請記住，它是一種專為測試產品、企業模式、成長引擎的新基礎假設，而設計的結構性改變，是精實創業法的核心，也是讓企業在經歷錯誤後能快速振作的原因：即使轉錯彎也有輔助工具幫助我們瞭解錯誤，並且快速地找到下一條出路。

* * *

在第二階段中，我們討論了初創事業最初的絕對信念假設、利用最小可行產品測試假設、採用創新審核法與可行指標評估結果，以及軸轉或堅持的決定等。

我花了甚多篇幅詳細解釋上述內容，目的是為了讓讀者們能更容易瞭解接下來要介紹的概念。這些過程讀起來也許很客觀、乏味、簡單，但是在真實世界中，我們還需要一些不同的東西。我們已經學會在進展緩慢時該如何前進，接下來我們要學習如何加速。建立穩固的基礎只不過是我們發展的第一步，我們真正目的地是——加速。

第三階段

加速

accelerate

發動引擎

初創事業要面對的決定通常是不明確的。多久該推出一項產品？每週推出，與每日、每季或每年推出的理由有何差別？推出產品需要開銷，從經濟效益的角度看，推出產品經常意味著必須減少製作產品的時間，但是如果推出的時間過遲，反而會造成終極的浪費：製作一個沒有人要的產品。

企業到底該投資多少時間與心力在基礎建設與企劃上，才足以**期待**成功？投資太多會發現原本可以用於學習的寶貴時間都浪費了；投資太少可能會錯失提前成功成為市場領導品牌的機會。

員工們每天都該做些什麼？我們要如何讓大家在相同的企業共識上負責地學習？傳統部門通常會創造一些獎勵辦法，讓大家在其專業工作上盡最大的努力，例如行銷部、業務部與產品開發部。但是如果公司要在跨功能合作型態下才能得到最大利益的話，又該如何？初創事業須要借助可以對抗初創事業頭號敵人——高度不確定性的組織結構。

精實製造工作過去也遇到了類似的問題，他們的解決之道可以讓初創事業借鏡的，只要做些微的修改。

對任何要轉型為精實模式的產業而言，首要問題便是：哪些工作可以創造價值、哪些工作不過是浪費？一旦你可以分辨其中的差異，你就可以開始使用精實技術排除浪費、增加創造價值工作的效益。精實技術要應用於初創事業之前，必須先適應創業的特殊環境。我們在第三章中提過，初創事業中所謂的價值並不是製造物品，而是學習如何創造一個可以永續經營的事業。什麼產品是顧客真正需要的？我們的事業要如何才能成長？誰才是我們真正的顧客？我們應該重視哪些顧客、忽略哪些顧客？這些都是初創事業必須盡快回答的問題，才能提高成功的機會，而這也正是初創事業創造價值的方法。

速度與靈敏度是每一個初創事業的命脈，在第三階段中，我們將整理出可以讓初創事業在不犧牲速度與靈敏度的前提下成長茁壯的技巧。在此提出一個與一般認知不同的說法，了無生氣與官僚作風並非是成熟企業無可避免的命運。我相信只要有穩固的基礎，精實初創事業可以發展成保有靈敏度、學習取向與創新文化的精實企業，即使在規模擴大後仍能保有初衷。

我們將在第九章中講述精實創業如何反其道而行，從小量工作模式中獲益。類似精實製造採行一種即時的方式製造商品、減少製造中貨品的需求量，精實創業採行所謂**即時可擴展性**（just-in-time scalability）的方式進行產品試驗，以避免事先企劃與設計上花費大量金錢與心力。

第十章將探討初創事業在獲得新顧客、發現新市場時，應該使用哪些數據來瞭解本身的成長狀況。能夠創造永續經營的事業，其成長引擎不外乎以下三種中的其中一種：付費式、病毒式與黏著式。確認初創事業使用的成長引擎，可以將火力集中在對事業發展最有利之處。每一種成長引擎都須要利用特定數據來評估新產品是否成功，以及安排新的實驗。將這些數據與第二階段中提及的創新審核法搭配使用，可以讓初創事業估算出發展何時會面臨瓶頸、須要進行軸轉。

第十一章將告訴你如何建立一個能夠**高適應性企業組織**（adaptive organization），方法是在公司成長的過程中投入恰如其分地加工處理，讓工作團隊能保持其靈敏度。我們會介紹精實製造工具中的一些技巧，例如五個為什麼（Five Whys），以及它們如何幫助初創事業避免流於官僚或失去功能。我們同時也會探討精實原則如何利用卓越的經營，提供初創事業一個過渡到成熟企業的舞台。

在第十二章中，我們會把精實創業的內容重新溫習一遍。當初創事業發展為成熟企業後，他們也會和現今的企業一樣，面臨尋找新破壞性創新方法的壓力。事實上，我們可以發現，成功初創事業快速成長的一個好處是，公司雖然日趨成熟，血液中仍得以保有其原本的創業基因。現代企業必須同時學會永續經營**與**破壞性創新的管理法則。認為初創事業因為經歷了一些毫無關聯的階段，而將早期的工作型態——例如創新——拋諸腦後，是一個跟不上時代的想法。現代企業必須具備同時進行多項不同工作的能力。為了幫助大家培養這種能力，我們將會介紹如何在成熟企業內培養創新團隊的技巧。

我同時也準備了一段結語：「節流」，介紹一些我認為有含義較廣的精實創業成功案例，把它放在歷史的背景下做檢視（包括過去含有警示作用的例子），並且對於精實創業未來的方向給予建議。

九

批次

假設現在要裝一百封信，你會一次裝好一封信，還是先摺好一百封信之後再裝入一百個信封袋？

〈關鍵概念〉

・小量生產

・大量生產死胡同

詹姆士．渥麥克（James Womack）與丹尼爾．瓊斯（Daniel Jones）合著的《精實思維》（*Lean Thinking*）一書中，回憶過去與作者之一的兩名年幼子女一起將時事通訊裝入信封的往事。每一個信封都必須親手寫上地址、貼上郵票、裝入信件、封口，作者的兩名女兒，一個六歲，一個九歲，非常清楚如何完成這項工作：「爸爸，你要先把所有的通訊都折好，然後黏好信封，再貼上郵票。」但是做爸爸的卻用違悖常理的方式來做：做完一封再做下一封。其他三個人——正如大部分的人——認為他把順序顛倒了，告訴他：「這樣做很沒效率。」於是，他和他的女兒各拿了一半的信封，比賽看誰能先完成。

結果爸爸獲勝了，不是因為他是個大人，而是因為一次完成一封信的作法可以讓工作在較快的時間內完成，即使它看起來比較沒有效率。這個結果被很多研究證實過，其中還包括了實況錄影[1]。

一次完成一封信的作法在精實製造裡稱為「單件流程」，它的效力來自於小量生產具備的驚人力量。當我們以階段劃分工作時，一批工作量意指從某一階段到下一階段一次的工作總量。假設我們要裝一百封信，直覺的作法是——一次折好一百張信——因此，這項工作的批量即為一百。單件流程之所以得名，是因為它一批的工作量為一。

為什麼一次裝好一封信看起來比較花時間，卻反而能在較短的時間內完成呢？因為我們的直覺沒有將另一種方法需要的分類、堆疊、搬動完成一半的信封堆的額外時間計算在內[2]，不斷重複相同的工作看起來較有效率的原因，大半是因為我們認為重複這個簡單動作的次數如果愈多，我們就會愈熟練。但是很不幸地，在過程導向的工作中，個人表現並不如系統整體表現重要。

即使每一個過程花費的時間完全相同，小量生產方式仍被認為優於其他方式，理由也許更不合常理。假設信封大小裝不下信紙，若採用的是大量生產方式，我們很可能一直要到最後才會發現這個問題；若採用的是小量生產方式，我們馬上就可發現問題。又或者信封有瑕疵或無法封口，我們就得把已裝好的信件全部從信封裡拿出、然後想辦法取得新信封、再重新裝入信件。如果使用的是小量生產方式，這個問題一開始就會被發現，也就沒有後來重做的問題。

這些問題經常會出現在像裝信封這麼簡單的工作流程中，不論對大公司或小公司來說，它們可能引發的後果是真實且嚴重的。小量生產方式可以在幾秒內完成一件產品，大量生產方式

1 http://lssacademy.com/2008/03/24/a-response-to-the-video-skeptics/。

2 如果你對實際狀況不太明瞭，影片可以幫助你瞭解。有一個非常細節取向的部落格錄製了一段影片，然後將其逐秒分解，企圖找出時間用在何處：「你在每個步驟之間搬動信封堆時會損失二至五秒，同時，每次工作你都必須搬動信封堆好幾次，若使用『單件流程』法工作就無須浪費這麼多時間。這也有所謂的工廠配套：儲存、搬動、取件、尋找正在進行中的工作存量。」其餘評論請見http://lssacademy.com/2008/03/24/a-response-to-the-video-skeptics/。

卻只能在過程的最後，一次同時完成所有的產品。你能想像如果工作的時間只有數小時、數日或數週嗎？萬一顧客最後決定不要產品怎麼辦？哪種流程能讓公司及早發現這些問題呢？

精實製造早在數十年前就發現了小量生產的好處。第二次世界大戰後，日本的汽車製造廠，例如豐田，無法與採用當時最先進大量生產法的美國汽車廠競爭。採行直覺上較有效率的大量生產方式的汽車製造廠，訂定的每批生產量都大得驚人，它們花費鉅資購入一次可以製造十件、百件、甚至千件零件的機器，讓它們以最快的速度從事生產，以降低每件零件的單位成本，藉此製造出令人難以置信地便宜且統一規格化的汽車。

日本當時的汽車市場根本無法讓豐田這樣的公司採行這樣的經濟規模，大量生產帶給他們相當大的壓力。同時，在飽受戰爭蹂躪的日本經濟下，企業根本沒有資金購買昂貴的大型生產機器。

在這樣的背景下，大野耐一、茂雄慎吾（Shigeo Shingo）等日本改革家發現了一個新的方式可以讓企業成功——小量生產。豐田沒有大型專業機器為他們一次製造上千個零件，他們取而代之使用可以製造許多不同零件的小型全功能機器，用小量生產的方式工作，但是必須能快速重新設定機器，在對的時間內製造對的零件。藉由這個「時間切換」的方式，豐田得以在生產過程中採用小量生產的方式製造出一輛完整的汽車。

機器不斷推陳出新，也為企業帶來許多難題。在轉型為精實企業的過程中，既有系統與工具通常都須要更新，才有辦法採行小量生產法。為了豐田初期實施的小量生產方式，茂雄慎吾提出了一個所謂快速換模法（Single-Minute Exchange of Die，簡稱 SMED）的概念。他努力鑽研如何將機器換模的時間由數小時減至十分鐘之內。他的作法不是要求工人加快工作的速度，而是重新思考、重新組織必須完成的工作。對生產工具與過程的每一項投資，也能對減低工作量發揮正面的作用。

由於採行小量生產，豐田得以製造出多元化的產品。從此，要達成大量生產模式創造的經濟利益，不再只是生產單一規格化商品的專利，因此，豐田服務的雖然是一些分散的小市場，卻足以與大量生產的製造商相抗衡。久而久之，豐田培養出的實力讓它成功地進軍愈來愈大的市場，終於在二〇〇八年登上全球最大汽車製造商的寶座。

小量生產最大的優點，在於可以及早發現品質上的問題，這就是豐田著名的**安東**（andon）繩的來源，每一位員工只要發現任何問題，例如零件有瑕疵，就可立刻拉安東繩要求協助，如果問題無法即時解決，系統就會讓整個生產線暫時停工。這又是一個違悖常理的作法。一條裝配線必須運作順暢，將一部又一部的汽車無礙地輸送到裝配線的終點，才能發揮最大的工作效率。如果老是有員工拉安東繩，裝配線老是被迫停頓，勢必會干擾整個工作流程。然而，及早發現並解決問題的好處遠大於暫時停工的損失。在生產過程中不斷剔除瑕疵，對豐田與其顧客來說，絕對是一個雙贏的作法，也是豐田能夠創造史無前例的高品質評價與低成本最根本的原因。

小量生產創業

每當我傳授這個作法給創業家時，我總是先從製造業講起。直到最近，還會有人用疑惑的眼神表示：這和我的創業有何關係？這個理論是豐田汽車成功的基礎，它可以讓初創事業用較快的速度找到驗證後的學習心得。

豐田發現小量生產讓他們的工廠更有效率，相反地，精實創業的目標並非要更有效率地生產更多產品，而是——盡快——學習如何建立一個可以永續經營的事業。

回想一下裝信封的例子。如果我們到最後才發現顧客不想要我們製造的商品怎麼辦？對創業家來說，這絕對不是一個好消息，但是早知道一定比晚知道好。小量生產可以保證將初創事業在時間、金錢與心力的浪費降至最低。

IMVU的小量生產

我們將製造業學到的經驗，應用在IMVU的工作方式上。一般而言，像我們這類產品的新版本通常會以每月、每季或每年的週期推出。

看看你現在用的手機，它應該不是它最原始的版本。蘋果電腦每年都會推出新版手機，而且每一個新版本都會包括數十種新功能（iPhone4推出時，蘋果誇口他們做了一千五百項改變）。諷刺的是，許多高科技產品都是在聲稱奉行小量生產與單件流程等精實思維的尖端設備工廠裡生產的，然而，他們的製造過程卻依舊停留在大量生產的年代裡。想想iPhone那一千五百項改變，它可是一口氣大量提供給顧客。

產品背後的開發與設計過程裡，大量生產依然是最高指導原則。產品開發工作現在是沿著一條虛擬的裝配線進行的：產品經理首先研究哪些功能較能吸引顧客，產品設計師再決定這些功能的樣貌與感覺，設計完成後再交給工程師負責製造新產品或修改既有產品，接著確認是否符合產品經理與設計師的期望。像iPhone這樣的產品，內部的交接工作大概是每月一次或每季一次。

我們再回想一次裝信封的工作，最有效率的作法到底是什麼？有鑑於小量生產的力量，IMVU決定嘗試一次只設計、開發、郵寄一種新功能的作法，過程如下。

我們的工程師與產品設計師並非各自在其部門裡埋頭苦幹，而是坐在一起一次討論一個功能。新功能一製作好，就會立即寄給顧客試用，進行測試，測試的過程還會以實況的方式在我們的網站上轉播。我們的團隊可以馬上評估自己的工作成績，並評估在顧客身上產生的效果，然後決定下一步該怎麼做。如果是小修改，整個過程一天也許要重複數次。事實上，IMVU每天總共對產品進行約五十次的修改(平均)。

就如豐田系統的設計，要讓修改程序快速進行，就必須立刻發現問題。才能避免日後產生更大的問題。例如，我們有一組大規模的自動化測試系統，能保證我們的產品經過更改，仍能如原先的設計一樣運作。假設工程師不慎刪除了一項重要的功能，例如某一電子商務頁面上的結帳按鈕，如此一來，顧客就無法購買IMVU的任何產品，我們的事業一下子變成了不營利的嗜好。IMVU採用了一套與豐田安東繩作用類似的防禦機制，用來避免意外毀損的發生。

我們把這套防禦機制稱為產品的免疫系統，因為這些自動保護措施可以檢查產品是否如預期情況運作。我們也不斷地偵測業務本身的健康狀況，只要發現錯誤就會自動予以更正。

回到剛才提到不慎刪除結帳按鈕，讓事業變嗜好的例子，我們讓它再有趣一點。假設這個按鈕不是被刪除，而是被改了顏色，成了白底白字。在自動功能檢測中，這個按鈕還是存在的，一切也都運作正常，但是顧客看到的情況是，按鈕不見了，沒有辦法進行消費。這類問題很難用自動化系統偵測出來，卻足以對業務造成重大災害。IMVU的免疫系統不但可以設定偵測像這樣的業務狀況，還可自動啟動相等於豐田安東繩的防禦機制。

一旦我們的免疫系統偵測到問題，就會立刻執行以下動作：

一、立即自動刪除造成問題的修改。

二、通知相關單位的每一位成員。

三、造成問題的團隊將暫停其進行修改產品的權力，以避免將來再發生錯誤時，會加劇該問題的嚴重性……

四、……直到找到該問題的根源，並予以修正為止。（第十一章將詳細探討如何分析問題的根源。）

我們稱此為**連續部署**（continuous deployment），這項作法即使在變動快速的軟體開發業界也是頗受爭議的[3]。在精實創業法逐漸受重視的今天，這項作法已經被愈來愈多的初創事業所採用，包括那些專門開發關鍵任務應用軟體的公司，第八章中介紹過的「財富最前線」，即為這些尖端科技公司中的一例。該公司採用最正統的連續部署法——即使在美國證券交易委員會嚴格的規範下——仍能每天提供一打以上的最新產品版本給客戶[4]。

---

3 早期任職於IMVU的工程師提摩西．費茲（Timothy Fitz）在一篇部落格文章中創造了連續部署一詞：http://timothyfitz.wordpress.com/2009/02/10/continuous-deployment-at-imvu-doing-the-impossible-fifty-times-a-day/。我要將連續部署系統實際的發展歸功於在IMVU任職的眾多工程師。欲瞭解連續部署應用細節，請見http://radar.oreilly.com/2009/03/continuous-deployment-5-eas.html。

4 關於「財富最前線」連續部署設置的技術細節，請見http://eng.wealthfront.com/2010/05/deployment-infrastructure-for.html及http://eng wealthfront.com/2011/03/lean-startup-stage-at-sxsw.html。

軟體業以外的連續部署採用者

每當我將連續部署的故事講述給在變動較為緩慢的產業人士聽時，他們總是認為我在解釋一樣未來的事物。不過，有愈來愈多的產業體驗到，這些推動軟體業快速更迭的力量，也正在讓他們的產品設計過程速度變快。作法有三：

一、**硬體變軟體**。讓我們想想消費性電子產品的變化，最新上市的手機與平板電腦不只是一個可以連接網路的螢幕而已，它們的價值幾乎是由它們內含的軟體所決定的。傳統商品例如汽車等，也發現其價值隨著內建的軟體而水漲船高，例如由軟體操控的視聽系統、引擎發動器到煞車控制器等。實際上，由軟體控制的功能要比實體或機械功能來得容易修改。

二、**生產方式的快速改變**。精實製造的成功，讓許多裝配線被設計成可以生產完全客製化的產品，還能同時兼顧品質與成本效益。這些作法目前已經為顧客帶來了多樣化商品選擇的好處，但是在未來，這項能力可以讓產品設計師在更短的時間內得到顧客對新版產品的回應。因此，當設計改變時，庫存的舊版產品就不會拖慢公司運作的速度。而由於新型機器都具備了快速轉換的功能，新設計只要一出爐，立即就可以著手製造新產品。

三、**立體印刷與快速開模工具**。大部分以塑膠原料製成的產品或零件，都是以注射塑模的方式大量製造出來的。注射塑模的設置過程成本非常昂貴且耗時，不過，只要設置完成，就可開始以非常低廉的成本大量複製相同的產品，它是典型的大量生產。這項技術對想要開發有形商品的創業家而言是不利的，因為通常只有大型企業才有足夠的財力使用這個方式生產新產品。不過，隨著科技的進步，創業家現在也可以採小量生產的方式，製造出與注射塑模相同品質的產品，成本更低廉，速度也更快。

此處的重點不在每天送出五十個更新給顧客，而在於瞭解減少批次量，可以幫助我們用比競爭者快的速度，走完「開發─評估─學習」的循環週期。用比別人快的速度瞭解顧客，是初創公司必須具備的重要競爭優勢。

小量生產實例

讓我為大家介紹位於愛達荷州波伊西市（Boise, Idaho）的SGW設計公司（SGW Designworks）。SGW設計公司以擁有快速生產有形商品的技術聞名，它大部分的客戶都是初創公司。

SGW設計公司有一個客戶，受軍方委託製造一套可以在邊境或戰場上偵測爆裂物與其他殺傷性武器的X光系統，希望SGW提供協助。

概念上，這個系統應該包括一個可以讀取X光片的先進探頭裝置、多個X光片面板及按快門時固定面板的框架。該客戶已經開發出X光面板技術與探頭裝置，但是要讓產品在崎嶇的軍事地點使用，他們須要設計、製造出可以讓技術在野外使用的硬體結構。這個硬體結構必須要穩固才能拍出高品質影像、在戰場上經久耐用、簡單易操作、體積夠小可以折疊放進背包裡。

這正是我們習慣花上數月甚至數年才開發得出來的產品類別，但是拜新科技之賜，我們不再須要花費那麼久的時間。SGW在第一時間內，就利用立體電腦輔助設計(computer-aided design，簡稱CAD)軟體，勾勒出產品的雛型，這個立體模型就成了客戶與SGW團隊快速溝通初步設計概念的工具。

團隊與客戶最後選擇以一種不會影響穩定性的創新鎖合鉸鏈，提供產品必要的折疊功能，同時還加上幫浦原理的吸盤，以便快速、重複地附著在X光面板上。聽起來是不是很複雜？

三天之後，SGW將第一個實體原型產品送交客戶過目，這個原型產品完成根據先前設計的立體模型，採用一種名為電腦數控(computer numerical control，簡稱CNC)的技術，以鋁片為原料經過機器製作出來，再由人手裝配而成。

客戶收到原型產品後，立即送交軍方聯絡人審核。軍方除了要求在設計上做幾項小修改外，原則上接受了產品的整體概念。接下來幾天，SGW與客戶又走完一次反覆設計、製造原型、設計審核的循環過程。從發想到完成首批四十件產品，總共只花了三週半的時間。(見表

九

批次

專案時間表	
首版虛擬原型產品之設計與技術開發	一天
首版實體原型產品之製作與裝配	三天
反覆設計：另外兩次循環週期	五天
首批四十件產品之製造與裝配	十五天

表七

七）

ＳＧＷ知道這是一個成功的工作模式，因為客戶回應與設計決定幾乎是同時進行的。這個團隊用相同的流程，在十二個月內設計、製作了八項具有不同功能的產品，其中有一半已經開始創造收益，其他則正在等著客戶上門，這都要感謝小量生產的力量。

教育事業的小量生產

不是市場上每一種小量生產的產品都能在設計上做修改，但是這不該是墨守成規的藉口。要讓創新者鼓起勇氣嘗試小量生產，須要花一番功夫。正如我們在第二章中指出，希望推動公司創新腳步的老牌企業，應該在公司建立一個實驗平台，而這正是公司高層的責任。

假設你是一所初中的數學老師，你每天大概會在一個固定的時間裡，教授少量的數學課程，但是你不可能經常變更教學內容，因為教學內容必須在事前準備好，而且必須用相同的進度，教授相同的課程給教室裡的每一位學生，因此，充其量一年最多只能更改一次教學內容。

那麼，數學老師要如何進行小量工作的實驗呢？我們現行的教育體制是在大量生產的年代裡設計出來的，在量化教育的體制下要進行這樣的實驗的確十分困難。

幸好有一派初創事業正在致力改變這一切。在整合學校（School of One）中，每個學生每天都會收到一份按照他們的學習程度、學習型態等需求安排的「學習清單」，例如，茱莉亞的數學程度遠超過她的年級平均水平，而且小班教學對她的學習最具效果，因此，她的學習清單中，可能會包含三或四段符合其能力級別的教學影片、三十分鐘與老師一對一教學，以及與其他三位程度相仿的同學一起解決數學拼圖的小組活動。每項活動都內含學習評估的部分，老師可以根據這些評估數據為她適當安排隔天的課程。這些數據還可合併統計出班級、學校，甚至全學區的學習成果。

假設我們現在要使用類似整合學校這樣的工具，對一套教學課程進行測試。這裡的每一個學生都依照自己的學習速度上課，而你是這些學生的老師，你對數學課程的教授順序做了某些更改，你會立刻看到這個改變對正在學習該部分教學內容的學生們造成的影響。如果你研判這個改變的結果是好的，你便可將這個改變套用在每一個學生身上，當其他學生學習到該部分時，他們就會自動依照新的教學順序學習。換言之，像整合學校這樣的工具，可以讓老師們用小量的方式教學，為學生爭取學習的利益。（如果學習工具得到普遍的採用，教師們則可以將實驗成功的教學法推廣至整個學區、城市，甚至全國。）這個教學方式甚具影響力，同時也受到諸多的推崇，《時代雜誌》（*Time*）最近還將整合學校列入其「最具創新性理念」的排行榜中，它也是唯一上榜的教育機構[5]。

大量生產的死胡同

對長期沈浸在傳統生產力與進程觀念中的企業管理人而言，小量生產無疑是一大挑釁，因為他們認為，專業工作要以功能專業化的方式來進行才會有效率。

假設你是負責一項新產品的產品設計師，你必須製作三十份不同的設計圖。你可能認為最有效率的作法，是找一個沒有人打擾的地方躲起來，安靜地將設計圖一張張畫出來，畫完之後，再將設計圖交由工程部製作產品。換句話說，你是用大量生產的方式在工作。

從個人工作效率的角度看，大量生產的方式是有其道理的，而且還有其他的好處，例如，可以強化工作技能、讓個別員工更能對自己的工作負責，最重要的是，專業員工可以在不受干

5　整合學校的介紹是由新學校創投資金公司（NewSchools Venture Fund）的珍妮佛．卡若蘭（Jennifer Carolan）提供。

擾的情況下專心工作。起碼，從理論上來說是這樣，不過很抱歉，事實上好像並不是這麼一回事。

再回到剛才設計師的情境。設計師把三十份設計圖交給工程部後，照理應該可以將注意力轉移到下一個工作中，但是不要忘了裝信封的教訓，萬一工程部不知道如何落實設計圖的概念怎麼辦？設計圖解說得不清楚怎麼辦？又或者工程師根據設計圖製作產品的過程中出了問題怎麼辦？

這些問題無可避免地會干擾設計師工作，而且這些干擾影響的是設計師正在進行的下一批大規模的工作。萬一設計圖要重做，工程師在等待設計圖重做的空檔就被閒置了。如果設計師沒有時間重做設計圖，工程師就得自己重新設計產品，這也是為何很少有產品是真正按照原始設計圖製作出來的。

當我在奉行大量生產模式的公司裡，與產品經理和設計師共事時經常發現，每一項新產品起碼要重做五至六次。有一位我曾經共事過的產品經理，因為受不了工作時不斷被干擾，索性選擇半夜才進公司工作，免卻工作被干擾的惱人狀況。我試著建議他將工作流程由大量生產改為單件流程，他拒絕了——因為他認為那樣沒有效率！由此可見人們使用大量生產的本能有多強，即使大量生產體系已經出現問題，我們仍舊選擇把錯誤歸咎在自己身上。

大量生產的量會隨著時間增長。工作往前推動時，通常會出現一些額外的工作、重做、延遲、干擾等無可避免的情形，於是導致人們用更大的量工作，以減少費用的支出。這種現象稱為**大量生產死胡同**（large-batch death spiral），與製造業不同的是，開發產品沒有實體工作量的上限[6]，工作量可能無止盡地往上升，最後，就會出現一批絕對優先的超級工作，一個「把公司都賭上」的新產品，因為公司上一次推出新產品已經是很久以前的事了。然而，主管們現在都熱衷於增加產量，而非盡快將產品寄出。在那麼長的產品開發時間裡，為何不修改一下錯誤，或增加一項功能呢？有哪個主管願意因為沒能處理一個重要的瑕疵，而賭上這麼大一批工作的成敗？

一家我曾經工作過的公司，就走進了這樣的死胡同。我們花了數月的時間研發一項非常酷的產品，這個產品的第一版本花了數年的時間才製造出來，眾人都對新版寄予厚望。但是，我們花的時間愈長，心裡就愈害怕，不知道最後顧客看到這個新版的產品會有什麼反應。我們的計畫愈有企圖心，我們要處理的錯誤、衝突、問題就愈多。很快地我們就發現，我們沒有辦法寄出任何產品。產品推出的日期愈推愈遲，我們做完的工作愈多，待做的工作也愈多。無法順利寄出產品最終導致了危機的發生，管理團隊也被更換，一切都是大量生產的陷阱所引起的。

---

6 更多有關大量生產死亡漩渦的資訊，請參閱唐納德·雷那森（Donald G. Reinertsen）的《產品開發流程法則》（*The Principles of Product Development Flow: Second Generation Lean Product Development*）：http://bit.ly/pdflow。

對大量生產的錯誤觀念隨處可見。醫院藥房通常會一天一次將大批藥物送至病房樓層，因為他們認為這樣比較有效率（一天只須要送一次，對吧？），但是有很多送去的藥物又被送回藥房，因為病人的處方更改了、病人換房或出院了，導致藥房員工要重做許多工作、重新處理（或丟棄）藥物。如果改為每四小時以小量的方式遞送藥物，不但可以減少藥房的總工作量，更能確保藥物可以在病人需要的時候，在準確的時間點送到正確的地點。

醫院血液收集工作通常是每小時執行一次，抽血師在一個小時內為多個病人抽取血液後，才將採集的樣本送往實驗室化驗。這個作法不但拉長了化驗的往返時間，更可能妨礙化驗的品質。不過，愈來愈多的醫院寧願多僱用一至兩個抽血師，使用小量（兩個病人）或單一病人的方式送交血液樣本，因為他們發現這樣反而讓整個系統的成本降低了[7]。

拉，不是推

假設你開車上街，正在思考小量生產的優點時，不小心把新買的二〇一一年藍色豐田Camry的保險桿撞凹了，於是你把車開到豐田汽車經銷商等候壞消息。技師告訴你保險桿必須換新，他查詢了倉庫的存貨，然後告訴你他們有新保險桿可以馬上為你更換。這對任何人來說，包括你，都應該是一個好消息——因為你很快就能把修好的車開回家。經銷商解決了你的問題，就無須負擔你把車開往別處修理的風險，而且也不會出現等待零件期間，為你存放汽車，還要為你租車的麻煩。

大量生產模式避免缺貨——無法提供顧客想要的產品——的方法，就是囤積大量的存貨以備不時之需。二〇一一年藍色豐田Camry的保險桿之所以有存貨，可能因為它是暢銷車款。那麼去年的車款或五年前的車款又該如何？存貨愈多，能為顧客調出他們需要的產品的可能性就愈高。但是，大量存貨成本昂貴，牽涉到運輸、倉儲、追蹤等費用，萬一二〇一一年的保險桿有瑕疵怎麼辦？是不是所有的存貨都得報廢？

精實製造使用一個名為牽引的方法，來解決缺貨的問題。當你把車開到經銷商修理時，會有一個二〇一一年藍色豐田Camry的保險桿被賣出，經銷商的存貨裡就出現了一個「洞」，這個洞會自動向當地的豐田零件配送中心（Toyota Parts Distribution Center，簡稱PDC）發出補貨訊號，配送中心便會把一個新的保險桿送往該經銷商，但是如此一來配送中心就會出現另一個洞，這個洞又會發出訊息給豐田零件重新配送中心（Toyota Parts Redistribution Center，簡稱PRC）。重新配送中心是零件供應商的貨物集中地，當它收到訊息後，就會通知工廠再製造一個新的保險桿，然後送往重新配送中心。

7 精實健保實例是由《精實醫院》（Lean Hospitals）一書作者馬克・葛瑞本（Mark Graban）所提供。

這個方法的最終目標，是讓整個生產鏈從小量生產變為單件流程，流程線上每一個步驟需要的零件都從前一個步驟中拉取出來，這就是豐田著名的即時生產方式[8]。

當企業改採這類生產方式時，他們的倉庫需求量會立刻縮小，以備不時之需的存貨量(即所謂在製品存貨〔work-in-progress，簡稱WIP〕)也同時大幅降低。在製品存貨奇蹟式的縮小，正是精實製造得名的原因，因為就像是整個供應鏈突然進行了節食一樣。

初創事業常常很努力想看到他們的進行中存貨。工廠如果有過剩的在製品存貨，我們就會看到貨物堆滿廠房。但由於初創工作大部分是無形的，其在製品存貨不大可能用肉眼看得見。例如，設計最小可行產品的所有工作——一直到產品寄出之前——都只是初創事業的在製品存貨。未完成的設計、未驗證的假設，以及大部分的商業企劃書，都屬於在製品存貨。我們到目前為止討論過的精實創業技巧，幾乎都以這兩種方式創造奇蹟：將推擠法改為牽引法，減少每批工作的量。二者皆有減少在製品存貨的效果。

在製造業中，牽引法主要用來確定生產過程是依顧客需要的程度而訂的，若沒有使用這個方法，工廠最後可能會生產遠超過——或遠少於——顧客真正需要的產品數量。然而，這個方式並不能直接應用在開發新產品上。有些人誤認精實創業模式只是把牽引法用在顧客需求上，這樣的想法假定了顧客能夠告訴我們該做哪些產品，而且能夠向產品開發部發出製造產品的訊號[9]。

正如之前提過，這並非精實創業模式運作的方式，因為顧客通常不會知道他們想要什麼。我們在開發產品時，是以能進行實驗為目標前提，因為這樣可以幫助我們獲知如何建立一個永續經營的事業。因此，對於精實創業產品開發過程的正確想法應該是，它是以實驗的方式呼應牽引法。

當擬好實驗假設之後，產品開發部必須盡快開始設計、進行實驗，在不影響工作的前提下，工作批量必須盡可能壓縮至最小。要注意，「開發—評估—學習」循環機制雖然因為工作的順序而得名，但是企劃的順序卻正好相反：必須先確定學習方向，然後再回過頭去決定製造何種產品進行實驗。因此，將工作從產品開發部及其他部門牽引出來的不是顧客，而是我們**對顧客的假設**（hypothesis about the customer），反之，任何不是由假設衍生出來的工作都是浪費。

綠色科技的牽引假設

讓我們以位於加州柏克萊市（Berkeley）的字母能源公司（Alphabet Energy）為例。只要是生產能源

---

8 用來說明「牽引」的實例摘自帕斯卡・丹尼斯（Pascal Dennis）的《簡化精實生產》（*Lean Production Simplified*）。

9 想閱讀這類工作誤解的案例，請見http://www.oreillygmt.eu/interview/fatboy-in-a-lean-world/。

的機器或過程，不論它是工廠裡的一個馬達，或一座燃煤火力發電廠，都會製造出熱氣這個副產品。字母能源公司於是利用一種稱為熱電（thermoelectric）的新型物質，發展出一個能將這些熱氣廢物利用、生產出電力的產品。這個稱為熱電的新型物質，是「羅倫斯—柏克萊國家實驗室」（Lawrence-Berkeley National Laboratories）的科學家花了十年的時間研發出來的。

要在市場上推出這一類的綠色科技產品，必須面對許多艱難的挑戰。字母能源很早就瞭解，處理廢熱電須要製造一種熱氣交換器、一個可以將熱氣從一個媒介傳送至另一個媒介的通用設備，以及專門針對這項工作的技術工程。例如，字母能源要為太平洋媒電公司（Pacific Gas & Electric）設計一個解決方案，那麼，就必須設計、製造、安裝一個熱氣交換器，可以將發電廠排放出來的熱氣收集起來。

字母能源之所以與眾不同的原因，在於該公司很早就在研究過程中做了一個聰明的選擇，他們放棄使用稀有元素，決定以電腦處理器的製造原料矽晶片作為研究的重點。首席執行長馬修·史卡倫（Matthew Scullin）表示：「我們是唯一利用低成本半導體基礎建設來製造熱電的公司。」這項決定使得字母能源可以以小量生產的方式設計、製造產品。

反觀其他大部分成功的綠色科技初創公司，他們一開始就必須投入大量的資金才能運作：太陽能面板供應商太陽能公司（SunPower）必須先興建工廠才能製造面板，還要物色安裝面板的合作夥伴，才有辦法真正營運；光源能源公司（BrightSource）開始提供能源給第一位客戶之前，就先集資兩億九千一百萬美元，用來興建、經營大規模太陽能工廠。

字母能源利用了製造電腦矽晶片的既有龐大基礎建設來生產產品，得以省下大量興建製造廠所需的金錢與時間，如此一來，從產品概念到有形商品，字母能源只需花六週的時間就可以完成。字母能源真正的挑戰，是如何在產品功能、價格、造型之間取得一個可以讓早期採用者接受的平衡點。儘管字母能源提供的是革命性的技術，早期採用者還是會先判斷這項產對他們是否有價值，才會決定是否購買。

一定有很多人認為字母能源的市場非能源工廠莫屬，這也是字母能源一開始的設定。他們認為，簡單的循環燃氣渦輪機應該是一個理想的應用方式，這些像是固定在地面上的噴射機引擎的渦輪，可以在用電的尖峰時刻幫助發電機提供電能，而且要把他們製造的半導體產品裝在這些渦輪上，應該是輕而易舉又所費不多的工作。

於是他們開始以小量生產的作法，為客戶製造一個小型產品進行實驗，藉以獲得驗證後的學習心得。結果證明，這項假設與許多其他最初的構想都是錯誤的。由於能源工廠對風險的接受度很低，不大可能成為字母能源產品的早期採用者。所幸他們採用的不是大量生產的模式，因此經過三個月的評估調查後，就準備好進行軸轉。

字母能源刪除了許多其他原先設定的潛在市場，轉向顧客區隔軸轉的方向前進。他們鎖定了製造商為目標，認為製造商會願意讓其工廠的某一部分試驗新科技。早期採用者也可以藉此對產品的實際利益作評估，再決定是否進行大規模的改裝。這個部分改裝的策略，讓字母能源的假設面臨了更大的考驗。在電腦硬體業中，顧客一般都不願意花大錢買功能最先進的產品，字母能源的產品在這方面做了許多改變，他們盡可能將產品每瓦特的成本降到最低。

事實上，字母能源這些實驗的花費與其他能源初創公司相比，簡直是小巫見大巫。到目前為止，字母能源已募得約一百萬美元的資金，至於能否得到最後的勝利，就等時間來說明了。不過，他們還是得感謝小量生產的力量，讓他們能夠及早發現事情的真相[10]。

＊＊＊

豐田生產系統可能是世界上最先進的管理系統，更讓人佩服的是，豐田建立了一個歷史上最先進的學習機構。他們不但誘發了員工的創造力，達到持續的成長的目的，更努力不懈地在一個世紀中創造出許多創新的產品[11]。

這是創業家們都應借鏡的長期成功故事。精實製造技巧的效力固然宏大，但是它們不過是一個長期使用正確測量成果的工具、承諾做到最好的高功能化機構的一個具體表現，制度也只是一個優秀企業文化紮根的基礎，但是如果沒有這個基礎，所有鼓勵學習、創意、創新的心血都會化為烏有，相信很多頓悟的人事部主管都會支持這個說法。

只有當我們能建立一個面對挑戰可以快速適應的機構時，精實創業理論才能發揮效用，這就牽涉到如何應付這個新工作方式中既存的人性挑戰，這也是第三階段接下來將探討的主題。

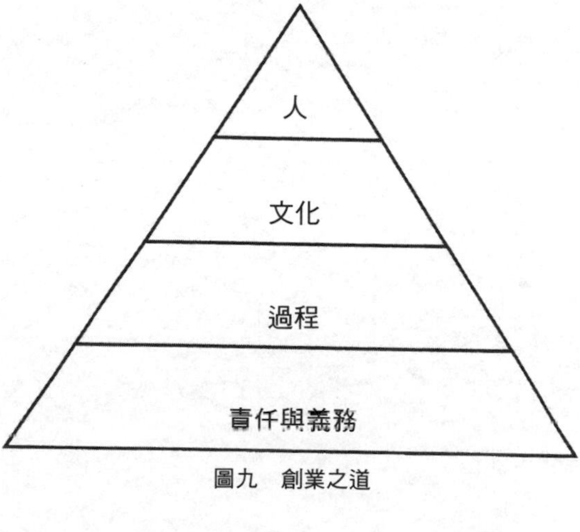

圖九　創業之道

10 字母能源資訊來自莎拉・萊斯利的採訪。

11 更多有關豐田學習機構資訊，請見傑佛瑞・萊克的《豐田模式》一書。

十

成長

成長引擎是初創公司用來建立永續經營事業的機制。每一個引擎都與一群特定的顧客及其習慣、喜好、廣告接觸媒介、與他人相互聯絡的方式息息相關。

〈關鍵概念〉

- **黏著式成長引擎**
- **病毒式成長引擎**
- **付費式成長引擎**

最近有兩家初創公司不約而同地在同一天徵詢我的意見。這兩家公司的類型天差地別，第一家公司正在為收藏品交易家開發一個互動市場，他們的目標對象是電影、動漫或漫畫的死忠粉絲，不遺餘力搜集他們喜愛人物的完整玩具系列及其他相關促銷商品。這家公司希望能與網路交易市場，例如eBay、商展交易市場及其他粉絲聚會等競爭。

第二家公司則是專門銷售資料庫軟體給企業客戶的初創公司，他們擁有可以加強或取代例如Oracle、IBM、SAP等大公司軟體的新一代資料庫技術，客戶多為世界一流企業的資訊長、科技部經理及工程師等，其業務前置作業需時甚長，需要業務人員、業務工程技術、專業安裝及維修合約等各項支援。

你一定會認為這兩家公司完全沒有共通之處，實際上他們的問題卻完全相同。他們成立初期就有顧客上門，而且有不錯的收入；他們驗證了許多根據不同企業模式擬出的各種假設，並且成功地走出一條與原先規劃不一樣的道路；他們的客戶也提供了他們各種良性的正面回應與改進的建議；初期亮眼的成績也讓他們對外募得了可觀的資金。

問題是這兩家公司都沒有成長的跡象。

兩家公司的首席執行長帶來的圖表都呈現了相同的趨勢，初期的成長曲線走成了水平線，他們都不明白為何會如此。他們很清楚，他們必須讓員工與投資人看到公司的成長，因此，他們希望我能提供一些建議，讓公司能有明顯的起色。他們應該花多一點錢在廣告或行銷活動上嗎？他們應該專注在提升產品品質或增加產品功能嗎？還是他們應該想辦法提高客戶轉換率或改變產品價格？

深入瞭解後，發現兩家公司的發展模式極為相似——對未來走向也有類似的困惑。他們用的是同一種成長引擎，這也本章即將討論的主題。

成長的來源

成長引擎是初創公司用來建立永續經營事業的機制。**永續經營**（sustainable）的定義不包括那些純粹為了獲得一次性顧客激增、沒有長期影響力的活動，例如一個廣告或一篇工商稿，這類活動通常被用來刺激成長，卻沒有維持長期成長的作用。

以下這個簡單的規則即為永續成長的定義：舊客戶的行為是新客戶產生的原因。舊客戶帶動企業持續成長的途徑有四種：

一、**口耳相傳**。大部分的產品經使用後能讓顧客滿意的話，它們就會有自然的成長。例如，我買了第一台TiVo數位錄影機之後，就不斷地向親朋好友介紹它，很快地，我所有的家人都用起了TiVo數位錄影機。

二、**使用產品的附加價值**。代表時尚或地位的名牌精品，不論何時何地都會引起注意。我們有時會因見到有人穿著一件最新流行的服飾或開某個廠牌的汽車，而去購買相同的服飾或汽車。所謂病毒式產品，如Facebook或Paypal，也有類似的效用。當某人使用Paypal寄錢給他的朋友，他的朋友就會自動看到Paypal這個產品。

三、**廣告刺激**。大部分的企業都會使用廣告來吸引新顧客使用他們的產品。要利用廣告達到持續成長的目的，廣告費一定是由公司的收入支付，而不是由投資資金這樣的一次性來源支付。只要爭取新顧客的成本（所謂的邊際成本）低於顧客帶給公司的收益（即邊際收益），賺得的利潤（即邊際利潤）即可用於爭取更多的新顧客，邊際利潤愈高，成長的速度也愈快。

四、**重複購買或使用**。某些產品是重複購買性的產品，通常是透過訂閱（例如有線電視），或自願回購（日用品或燈泡）的方式消費。也有許多產品或服務是相反的，它們原本就是一次性的活動，例如婚禮策劃。

我稱這些可啟動回饋循環機制、推動企業持續成長的源頭為**成長引擎**，它們就像燃燒中的引擎一般不斷地轉動，這個循環轉動地愈快，公司的成長就愈快。而每一種引擎本身都有一組用以決定公司成長速度的數據。

三種成長引擎

我們在第三階段中解釋過選擇正確數據——可行指標——來評估公司發展對初創事業的重要性，然而，困難之處在於我們要如何從眾多的數據中辨別出哪些才是正確的數據。事實上，當初創事業在市場上推出一項新產品後，就會開始把時間浪費在安排「發展」的優先順序。一家公司不管在任何時候都可以尋找新客戶、提供更好的服務給現有客戶、改善公司整體品質或努力降低成本。我的經驗告訴我，討論這些工作的順序上，會讓公司消耗很多時間。

成長引擎的作用是提供初創事業一組為數不多的重點數據。我的恩師之一，創業資金投資人西恩．卡洛藍（Shawn Carolan），是這麼說的：「初創事業不會餓死，他們是淹死的。」我們眼前永遠都有不計其數、號稱能讓產品更好的新點子，但是實際上它們不過是換湯不換藥的小把戲罷了，充其量只能用來美化產品。初創事業必須將心力放在可以獲得驗證後學習心得的重要實驗上，而成長引擎的架構可以幫助他們集中注意力在真正有用的數據上。

黏著式成長引擎

在探討這個成長引擎之前，我們要先回到本章開始時提到的兩個初創事業例子。這兩家隸屬於不同產業的公司使用的是同一種成長引擎，他們的產品也是以能長期吸引顧客青睞為出發點而設計的，但是兩家公司保留顧客使用的機制卻不盡相同。收藏品公司的對象是經常搜尋最新收藏品、經常比價的收藏迷，他們希望成為最受收藏迷歡迎的購物網站，倘若如企劃所願，那麼，使用過其服務的收藏家照理會經常登入網站查看有無新貨，或將手上的收藏品放在網站上出售或交換。

初創資料庫軟體公司同樣也倚賴客戶的重複使用獲利，理由卻大不相同。資料庫技術通常只用作客戶自身產品的基礎，好比一個網站或一個銷售點系統，而建立在一個特定資料庫技術上的產品，要轉換基礎技術是十分困難的事，科技業界稱這些企業型客戶是作繭自縛。因此，這類產品若想要有所成長，就必須提供客戶具有說服力的新功能，客戶才會願意冒這個長期與特定供應商共存亡的風險。

由此看出，兩家公司都必須維持高顧客保留率，才有辦法繼續發展，因此，他們都希望顧客開始使用他們的服務之後，能夠長期地使用下去。行動電話服務供應商也是一樣，顧客停用服務通常代表顧客對服務不滿意，或是他們選擇改用競爭者提供的服務。這與超市貨架上的商品不一樣，超市顧客的口味隨時都在改變，假如他這週沒有買可口可樂，改買百事可樂，並不是什麼大不了的事。

因此，使用黏著式成長引擎的公司在進行客戶流失率的追蹤時，都十分地謹慎。客戶流失率的定義為：某一段時間內未持續使用該公司產品的客戶比例。

黏著式成長引擎的管理規則十分簡單：若新顧客獲取率高於顧客流失率，即表示產品正在成長。成長速度則取決於我所謂的複利率，計算複利率的方法是用自然成長率減去流失率，一家有高複利率的公司，正如一個賺取複利的銀行帳戶，最後一定會獲得驚人的收益——不必做廣告、不靠病毒式成長、也不須要宣傳噱頭。

可惜，這兩家使用黏著式成長引擎的初創公司，追蹤的是顧客總人數這類的一般性數據指標，儘管他們也使用了例如帳戶啟動率及每顧客收益等可行指標，卻因為這些數據對成長的影響力太小而起不了任何作用。（帳戶啟動率與每顧客收益等數據較適合用來測量第五章中提到的價值假設。）

開會討論後，其中一家公司採納了我的建議，使用黏著式成長引擎來模擬其客戶的行為，結果十分出人意料：顧客保留率為百分之六十一，新顧客獲取率為百分之三十九。換句話說，其顧客流失率與新顧客獲取率幾乎相同，公司複利成長率只有百分之零點零二——幾近為零。

這種情形對身在競爭激烈的產業之中、迫切須要成長的公司來說是很常見的。一位曾任職達康時期擲點公司（PointCast）的人士告訴我，擲點公司也有類似的問題。擲點公司面臨成長瓶頸時，它的新顧客獲取率其實是處於令人難以置信的高點——與這家使用黏著式成長引擎的初創公司一樣（維持在百分之三十九），不幸的是，這部分的成長被相同比例的顧客流失率抵銷了。倘若一家公司的發展是這種情形，好消息是公司仍然有許多新顧客持續上門，但是若想獲得顯著的成長，則必須讓產品更具吸引力，例如該公司可以加強其收藏品的內容，顧客才會有經常上網查看的動力。又或者，該公司可以採取一些較積極的方式，例如主動發簡訊告知顧客限時折扣或優惠的訊息。不論是哪種方法，主要目的都是為了提高顧客保留率，這與一般企業在業務停滯不前時，第一個反應就是花更多的錢在銷售與行銷活動上不同，這種反直覺的結論是很難從傳統虛榮指標中反映出來的。

病毒式成長引擎

在社群網站與特百惠公司（Tupperware）的行銷活動中，顧客是他們最主要的推手。人與人之間的訊息交換可以迅速提高產品的知名度，其傳播過程與病毒蔓延成流行性疾病極為相似。與先前提過的口頭傳播截然不同，它是藉由人們共同使用一項產品互動後形成的一種必然的結果，顧客在無意識的情況下扮演了傳播者的角色，並非有意向他人告知有關這項產品的訊息，公司的成長則是顧客使用產品後自動衍生出來的副產品，這些病毒效應並不是可以憑意志選擇的。

讓我們來看看最著名的病毒式成功故事之一：Hotmail。一九九六年，沙比爾・巴哈提亞（Sabeer Bhatia）與傑克・史密斯（Jack Smith）推出了一個提供免費帳戶的網路電子郵件服務，一開始業務窒礙難行，僅靠從德豐傑創投公司（Draper Fisher Jurvetson）募得的微薄資金勉強維持運作，完全沒有多餘的錢可以做昂貴的行銷活動。當他們對產品做了一個小小的修改後，一切都改觀了。他們在每一封電子郵件的最後加上一句話：「附註：Hotmail提供免費電子郵件帳戶。」並且附上一個可點擊的連結。

如此小小的改變，居然在短短幾週內造成了巨大的迴響。巴哈提亞與史密斯在六個月內簽進了超過一百萬名的新顧客，跟著五週後，顧客人數突破了兩百萬。產品推出十八個月，顧客增加到一千兩百萬人時，他們以四億美元的天價將公司賣給了微軟[1]。

同樣的現象也出現在特百惠公司著名的「家庭宴會」活動中，顧客可以藉由在家中舉辦宴會，推銷特百惠的餐具給親朋好友賺取佣金。每一次的銷售舉動不只是為了賣出更多的特百惠餐具，也為了爭取更多顧客成為特百惠的銷售代表。特百惠舉辦這項活動至今已有數十個年頭，威力依然不減當年，事實上現在也有許多其他的公司，例如南方生活（Southern Living）、簡約品味（Tastefully Simple）、華倫・巴菲特（Warren Buffett）波克夏・哈薩威公司（Berkshire Hathaway）旗下的寵愛主廚（Pampered Chef）等公司，皆因為使用了類似的促銷手法，獲得了不錯的成績。

病毒式成長引擎與其他成長引擎一樣，也是由一個可量化的循環機制啟動的，我稱這個循

1 亞當・潘尼柏格（Adam L. Penenberg）所著《病毒循環》（*Viral Loop*）一書敘述了Hotmail.com的故事與許多其他案例。更多關於Hotmail的訊息，請見http://fastcompany.com/magazine/27/neteffects.html。

環機制為**病毒式循環**（viral loop），它的速度是由一個數學詞彙**病毒係數**（viral coefficient）來決定的，這個係數的數值愈大，產品散播的速度就愈快，它可以計算出一個新顧客登計註冊後，可以帶動多少新顧客使用產品。換句話說，即一個顧客可以帶進多少個朋友成為新顧客，而這個顧客帶進來的每一個朋友又可以帶進更多的朋友。

一個產品的病毒係數若為零點一，代表它每十個顧客中會有一個顧客會帶進另一個朋友。這並不是一個能夠永續經營的循環機制。用實際數字來解釋，每一百個登記的顧客只會帶進另外十個朋友，而這個十個朋友只會再帶進一個朋友，最後這個機制就會不了了之。

相反地，一個循環機制的病毒係數若大於一，則會呈倍數成長，因為它代表每一個登記的人平均會帶進一個以上的顧客。

讓我們將這些效果用圖表呈現（圖十）：

使用病毒式成長引擎公司的首要任務，就是要想辦法增大病毒係數，哪怕數字只有小小的增加，將來的顧客人數可是會有大大的成長。

許多病毒式產品並不直接向顧客收費，而是倚賴間接的收入，例如廣告，因為病毒式產品最怕在發展過程中出現任何阻礙顧客登記、召集朋友的摩擦力。因此，這讓病毒式產品在測試價值假設時格外困難。

真正的價值假設測試，一定是顧客與提供服務的初創公司之間自願性的價值交換。許多混淆便是因為這些價值交換有可能跟錢有關（如特百惠），也可能跟錢無關（如Facebook）。在病毒式成長引擎中，金錢交換並不代表可以促進公司的發展，它充其量只能看出顧客是否認為這個產品值得付費使用。Facebook或Hotmail如果一推出就向顧客收費是非常愚蠢的行為，因為一定會影響其成長的能力。然而，他們的顧客也並非沒有任何回饋，他們花在產品上的時間與注意力，讓產品充滿了廣告的價值。提供廣告空間的公司基本上服務的對象有二——消費者與廣告主——只不過各別交換的價值形式不同罷了[2]。

主要透過金錢進行擴展的零售商則明顯不同，只要他們有足夠的資金能夠在適當的地點不斷地開設新

2 更多關於時間、金錢、技術、熱情四種顧客貨幣資訊，請見http://www.startuplessonslearned.com/2009/12/business-ecology-and-four-customer.html。

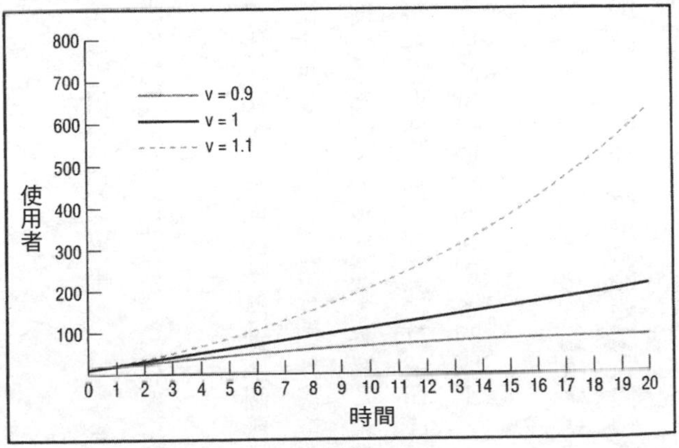

圖十

分店，他們就能持續成長。這類公司使用的是截然不同的成長引擎。

付費式成長引擎

再來看兩家公司。第一家公司每爭取到一個顧客，就可以獲得一美元的進帳；另一家公司每爭取到一個顧客，就可以獲得十萬美元的進帳。要預測哪家公司成長地比較快，只須要再了解一件事：爭取一個新顧客的成本是多少。

假設第一家公司使用Google的AdWords服務在網路上尋找新顧客，平均每次得到一個新顧客的成本為八十美分。第二家公司的業務是銷售大型產品給大企業，每一張訂單都須耗費業務員大量的時間，以及業務工程部的員工安裝產品，估計獲得一個新顧客的實際成本高達八萬美金。兩家公司的成長率相同，都將收益的百分之二十用來投資爭取新客戶。若要提高公司成長率，他們有兩個選擇：從每一個顧客身上獲得更多的收益，或降低爭取一個新顧客的成本。

這就是所謂的付費式成長引擎。

在第三章中，我提到我們在創立初期制訂IMVU策略時，如何犯下一個嚴重的錯誤，這使得我們最終不得不進行成長引擎的軸轉。我們一開始認為即時通附件軟體策略能夠讓我們的產品獲得病毒式的成長，不幸地，顧客對我們聰明的策略並不買帳。

基本上，我們誤以為顧客願意把IMVU的產品當成市場上現有即時通網絡的附件軟體使用，如此一來，我們的產品就能如病毒一般，藉由顧客間的互動，在各大即時通網絡裡散佈開來。但是這個理論有一個問題，即有些產品是無法以病毒傳播的方式發展的。

IMVU的顧客不希望在原有朋友間使用這項產品，他們希望用它來結交新朋友，這代表他們沒有強烈的意願向新朋友推介這項產品，他們認為這是我們的工作。所幸，IMVU的收入足夠購買廣告來吸引新顧客，因為我們的顧客願意花比我們刊登廣告更多的費用來購買我們的產品。

付費式成長引擎也是由回饋循環機制啟動的，每一位顧客在其「生命」中，支付若干費用在產品，扣除變動成本後，剩下的數目就是所謂的顧客**終身價值**（lifetime value，簡稱LTV），這筆金額可以用來購買廣告以繼續推動公司的成長。

假設刊登一次廣告的費用為一百美元，刊登後公司獲得了五十位新顧客，這個廣告的**顧客爭取成本**（cost per acquisition，簡稱CPA）即為兩美元。假若產品的顧客終身價值大於兩美元，那麼這個產品就能繼續成長。顧客終身價值與顧客爭取成本差額的大小，決定了成長引擎轉動的快慢（即所謂的邊際利潤）。反之，倘若顧客爭取成本維持為兩美元，顧客終身價值卻下滑至兩美元以下，公司的成長速度便會減緩，在這種情況下，或許可以使用一次性的戰術，例如動用投資基金或使用宣傳招術，來填補差額，但是這類戰術的效力都無法持久。這個問題導致許多公司走向失敗，也是著名的達康公司泡沫化的原因，因為他們錯誤地以為在一個顧客身上賠點小錢不打緊，只要像老人家說的，用更多的新顧客來填補就好了。

雖然我以廣告為例解釋付費式成長引擎的運作，其實它包含的範圍還要大上許多。僱用售貨員的初創公司及仰賴人流的零售商，所使用的都是付費式成長引擎，所有這些費用都必須計算在顧客爭取成本裡。

舉例來說，我曾經接觸過一家為團隊製作群組工具的初創公司，他們歷經過一次重大的軸轉，由一家業餘愛好者及小型社團使用工具的製造商，轉成一家提供大企業、非政府組織及其他大規模團體使用工具的公司。但是，他們雖然進行了顧客區隔軸轉，卻沒有改變所使用的成長引擎。他們之前都是使用網路直銷的方式在網路上尋找客戶，我記得他們曾經接到一個非政府組織的來電，表示想要購買工具給多個所屬部門使用。這家初創公司最貴的一項「無限制」服務計畫，每月只需幾百美元，該非政府組織從未有過如此小金額的購買，居然不知道如何處理。除此之外，該非政府組織也需要有人協助他們裝設工具、教育員工如何使用這項工具，以及追蹤改革後的影響，這些都是這家初創公司可以提供的服務。該初創公司在改變顧客區隔市場後，必須僱用大量對外的業務員參加業務會議、教育企業客戶的主管們、撰寫商業白皮書，雖然營業成本比以往高出許多，得到的回報卻也相對地豐碩：從單一顧客身上得到數美元的利潤，變為從單一大客戶身上得到數十萬美元的利潤。改變成長引擎讓該公司獲得了持續的成功。

大部分的公司都是從競爭中找到顧客來源。例如，主要零售業者的門市由於人流較多，其價值則相形較高。同樣地，鎖定高消費力顧客之廣告也會比鎖定一般大眾的廣告來得昂貴。而決定這些價格的因素，是爭奪相同目標對象注意力的多家公司平均獲得的價值。爭取富有消費者成本較高的原因，是由於從他們身上可以賺取較高的利潤。

久而久之，顧客來源的爭取成本會受到競爭的哄抬。如果某個產業中每個人每筆交易能賺得的利潤都相同，最終他們付出最多成本的部份一定是顧客的來源。因此，想使用付費式成長引擎達到長期成長的目標，必須擁有將特定族群轉化成利潤的特殊能力。

IMVU的例子十分適合在這裡提出。在其他網路服務公司的眼裡，我們的顧客不算十分有利可圖，因為大部分為青少年、低收入成人及國際性顧客，這些公司認為這些顧客不會願意在網路上進行消費。IMVU為沒有信用卡的顧客設計了網路付費的方法，例如將費用加入他們的手機帳單中，或郵寄現金等，這使得我們有辦法比其他競爭者付出更多爭取顧客的費用。

技術性警告

從技術上來說，一家公司可以同時採用一種以上的成長引擎，例如那些以病毒傳播方式快速發展、顧客流失率也非常低的產品，而且，一個產品也可以同時擁有高獲利與高顧客保留率。然而，以我的經驗來說，我看到的成功的初創事業通常都只採用一種成長引擎，他們會想盡一切辦法讓這個引擎發揮作用。想要同時使用三種成長引擎的公司通常會造成許多混淆，因為同時操控所有這些作用的營運系統是非常複雜的。因此，我強烈建議初創事業最好一次只使用一種成長引擎。大部分創業家心中對於該使用何種成長引擎早有定見，如果還不確定該使用何種成長引擎，只要走出辦公室傾聽消費者的聲音，就能看出何者對公司有利。初創事業在尚未徹底運用一種引擎之前，絕對不要輕言軸轉去改用另一種引擎。

完美的產品市場組合取決於成長引擎

集創業傳奇人物、投資者、全球資訊網（World Wide Web）之父等身分於一身的馬克・安德森（Marc Andreessen），創造了**符合市場需求的產品**（product/market fit）一詞，用以形容初創事業終於找到一大群能對其產品發出共鳴的顧客：

> 在一個潛力雄厚的市場裡——充滿真正潛在顧客的市場，市場擁有主導權，它可以從初創事業手上挑選它所需要的產品，這正是搜尋關鍵字廣告、網拍、TCP／IP路由器發跡的故事。相反地，如果你處在一個糟透了的市場，即使你擁有全世界最棒的產品、最棒的工作團隊也沒用，你註定是要失敗的。[3]

當你看到一家初創公司開發出符合一個廣大市場需求的產品時，是非常令人振奮的。不容置疑，就像福特T型車一輛接著一輛迫不及待地火速從工廠裡送出、Facebook一夜之間橫掃各大學校園、蓮花軟體公司（Lotus）成立第一年就憑著Lotus 1-2-3創下總值約五千四百萬美元的業績，在商界刮起一陣超級旋風。

偶爾會有初創公司請我評估他們是否已經創造出那個符合市場需求的產品，這個問題不難回答：你會問這個問題代表你還沒有那樣產品。不過，這個答案並不能幫助初創公司找出**如何**創造符合市場需求產品的方法，因為我們無從得知你是否已到達成功的邊緣，或是離成功還差十萬八千里。

我不認為安德森有意把以下這句話放進他的定義中，但是這句話聽在許多創業家的耳裡，意味了軸轉是一項失敗的舉動：「我們成立的初創公司無法製造出符合市場需求的產品。」它同時也意味著，如果我們的產品能符合市場需求，我們便永遠不須要再軸轉了。這兩個說法都不正確。

我認為成長引擎的概念能夠讓符合市場需求的產品這個思維的基礎更紮實。由於成長引擎

3 http://pmarca-archive.posterous.com/the-pmarca-guide-to-startups-part-4-the-only。

可以被量化，每一種成長引擎都有一組可以用來評估初創事業是否已創造出完美的產品市場組合的特殊數據。一個初創事業的病毒係數若達零點九或以上，就表示它離成功不遠了。更棒的是，每一種成長引擎的數據都能與第七章中討論過的創新審核法相輔相成，提供初創事業產品發展的方向。例如，一家初創公司若想採用病毒式成長引擎，其產品發展的方向就應該著重在改變顧客的行為——於病毒式循環過程中——而不要去理會那些與改變顧客行為無關的工作。這類初創事業也不須藉助行銷、廣告、推銷等工具。但是如果使用的是付費式成長引擎，就迫切需要行銷與業務活動的支援。

初創事業可以利用創新審核法針對每一次的「開發—評估—學習」循環週期做評估，藉以判斷是否已經創造出完美的產品市場組合。記住不要被統計數字或虛榮指數所迷惑，公司的發展方向與進步的程度才是最重要的。

比方，有兩家初創公司都非常努力地在調整他們的黏著式成長引擎，其中一家公司的成長複利率為百分之五，另一家為百分之十，哪一家公司的前景較佳呢？從表面上看來，似乎是成長率較高的公司前景較被看好。但是如果這兩家公司的創新審核法報表是以下這種情形呢？（見表八）

儘管B公司現階段的成長速度比A公司快，而且也沒有其他整體數據可參考，我們還是可以看出A公司不斷地在成長，B公司則已經陷進泥淖裡了。

當引擎停止轉動

啟動成長引擎、維持成長引擎轉動是一件困難的工作，但是每個成長引擎始終都有耗盡汽油的一天。每一個引擎都與一群特定的顧客及其習慣、喜好、廣告接觸媒介、與他人相互聯絡的方式息息相關。在某個時間點，這群顧客會凋零殆盡，端視產業的型態與時機，有時會很慢，有時會很快。

我們在第六章中強調了製作最小可行產品的重要性，這類產品不提供早期採用者不需要的功能，若能成功運用策略，便能啟動可帶你找到目標市場的成長引擎。然而，最小可行產品要過渡成迎合主流市場的產品，須要進行許多額外的工作[4]。當我們有一項產品成功地被早期使用者接受後，理論上我們不應再繼續任何產品開發的工作，應該讓產品順其自然地發展，直到在這個初期市場中遭遇瓶頸。這時，產品的成長會趨緩，甚至完全停擺。其實，真正的挑戰來自於

成長複利率階段	A公司	B公司
六個月前	0.1%	9.8%
五個月前	0.5%	9.6%
四個月前	2.0%	9.9%
三個月前	3.2%	9.8%
兩個月前	4.5%	9.7%
一個月前	5.0%	10.0%

表八

一個事實——成長漸緩的現象快則數月、慢則數年才會發生，這也是在第八章中提到IMVU一開始失敗的主因。

有些公司是不小心步上這條道路的，因為他們使用的是虛榮指數和傳統審核法，看到這些數字攀升便誤以為公司發展良好，將其歸功於產品改良的努力，殊不知改良產品對顧客行為一點影響力也沒有，公司之所以會成長是因為成長引擎以有效率的方式運轉——發揮了作用帶進新顧客的緣故——完全與產品改良無關。於是，一旦成長突然趨緩，危機就會出現。

這個問題並非初創事業的專利，它同樣也發生在成立多年的企業身上。由於大企業過去的成就是建立在精心調整過的成長引擎之上，若公司無新創事業育成計畫可以提供公司其他成長的來源，一旦成長引擎在運行的過程中速度變慢或停止了轉動，就會爆發危機。

任何規模的公司都可能遭遇到這種永久性的痛苦，因此大家都必須預先做好事業規劃組合，在調整成長引擎的同時，也要開發新的成長來源，以免在引擎在無可避免的情況下停擺時措手不及，這也是第十二章要探討的主題。然而，在我們進行事業規劃組合之前，我們須要先建立起一個有組織性的結構、文化與規範，才能應付這些讓人措手不及的變化，這就是我們接下來在第十一章中要討論的題目。

---

4 摘自傑佛瑞．摩爾的暢銷書《跨越鴻溝》（*Crossing the Chasm*）。

十一

適應

創造一個高適應性企業（adaptive organization），一個能夠因應情況隨時自動調整流程與工作表現的機構。

〈關鍵概念〉

- **高適應性企業**
- **五個為什麼**

當我在IMVU擔任首席科技長時，我以為我大部分的時間都很稱職：我建立了一支敏捷工程團隊，我們也成功地試用了許多後來被稱為精實創業的經營技巧。然而，在某兩個情況下，我驚覺自己完全達不到工作上的要求，這對一個成果導向的人來說，是非常令人氣餒的。更糟的是，不會有任何人告知你這個情形，就算有，內容也會和下面這段話大同小異：

親愛的艾利克：

首先要恭喜你，你早先負責的工作已告一段落，公司也為你安排了新職務。事實上，公司名稱雖然沒有改變，大部分的員工也都還在工作崗位上，但是我們的公司已經不是原來的公司。雖然工作職稱沒有改變，你過去的表現也十分優異，但是你已經無法勝任你的新工作，因為這項人事調動早在六個月前就生效了，我們現在是要提醒你，你已經有很長一段時間未達到工作的要求了。

祝好運！

每次發生這種情況，我都不知道該如何是好，當公司成長時，我知道我們需要更多的流程與制度來協調日益擴大的公司業務，我也同時目睹過許多初創公司因為一心想晉身「專業」行列而變得僵化、官僚。

IMVU不能毫無制度，你也一樣。初創事業失敗的原因多不勝數，我曾經為了防止各種可能發生的問題，最後導致公司遲遲無法推出產品而失敗，這是過度架構帶來的苦果。我也看過一些一開始旗開得勝，卻以失敗告終的例子，亦即所謂的Friendster[1]效應，由於顧客反應過於熱烈，最後竟然因為技術問題而意外高調收場。從一個部門主管的角度來看，這是一個糟到不能再糟的結果，因為這樣的失敗不但眾人皆知，還是某個特定部門造成的錯誤——沒錯，就是你！公司失敗了，而且還是因為你的緣故。

遇到這類問題時，大部分的人都會建議公司改採折衷處理（必須做一些企劃，但是不要太多），但是這種似是而非的作法很難給他人一個為何該重視某一問題、卻忽視另一問題的理由，讓人感覺老闆反覆無常或跋扈專斷，也容易讓人懷疑管理高層的決定是否別有用心。

在這種管理方式下工作的員工，動機會變得很明顯的。如果老闆希望平分差異，最能左右老闆、得到你想要的結果的辦法，就是採取極端的手法。例如，有一組員工認為產品推出的週期愈長愈好，比如每年只推出一次新產品，你就應該堅持縮短產品推出週期（每週或每日推出新品），反正這兩個意見最後一定會被折衷處理。雙方意見被折衷處理後，結果一定會接近你一開始就希望的。不過，這類軍備競賽會愈演愈烈，另一陣營的敵人下次很可能會仿傚你，久而

1 編註：為社群網站，因未能及時更新功能，最後以收場為終。

久之，每個人都會盡可能站在兩極化的位置，折衷差異的工作就會愈加困難，愈不容易成功。無論有意還是無意，公司管理人都應該為造成這些動機負責，即使沒有鼓勵兩極化行為的想法，但是其所作所為無非都是在鼓勵這些行為。要想從這個陷阱中逃脫，必須在思維上做重大的調整。

創造一個高適應性企業

初創公司該不該提供新進員工訓練課程？如果你早幾年問我這個問題，我會嗤之以鼻笑說：「當然不用，那是有錢的大公司才會做的事。」但是IMVU卻做了，而且成效驚人，新員工從進公司的第一天起，就表現出絕佳的生產力，幾個禮拜後交出的成績總能讓人刮目相看。將公司工作流程標準化、將新員工需要學習的工作理念整理成一套課程，須要投入相當的心力。每位新進工程師都會分配一位指導員，指導員負責帶領新員工走過他們必須學習的制度、概念、技術等課程，幫助他們在IMVU發揮最大的生產力。指導員與學員的表現會一起被評估，因此指導員對這項教育課程絲毫不敢怠慢。

特別的是，回顧這個經驗，我們並未因為要建立訓練課程而停下手邊的工作，相反地，訓練課程是自然而然地從一個井然有序的方法中演變出來成為我們的工作流程。這個定位的過程會隨著不斷的實驗與修正而變得更有效率，長時間下來變得更精簡。

我稱此為創造一個**高適應性企業**（adaptive organization），一個能夠因應情況隨時自動調整流程與工作表現的機構。

速度會不會太快了？

本書一直在強調速度的重要性，因為初創公司未來的生死，完全取決於它能否在資源用盡之前學習到讓事業永續經營的方法，如果只是一味地追求速度，反而會出現反效果。因此，初創事業必須要有內建的速度調整器，幫助團隊找到最適當的工作速度。

我們在第九章中舉了一個在連續部署系統中使用安東繩的實例，豐田這句似是而非的諺語概括了它的意義：「停止生產才能讓生產繼續。」生產過程中一旦出現不知道如何修正的品質問題時——就必須先暫停工作，調查問題發生的原因，這是安東繩的重點。精實創業最重要的發現之一就是：時間無法換取品質。如果沒有即時解決（或忽視）品質問題的話，造成的瑕疵將會拖慢整個事業的發展，因為產品瑕疵會導致許多工作必須重做、打擊士氣、顧客抱怨等，這些都是拖慢公司發展、浪費寶貴資源的原因。

到目前為止，我一直都以有形產品為例來說明這些問題，因為解釋起來比較容易。事實上，服務型公司一樣有相同的困擾。訓練機構、人力資源中心、旅館餐飲業的主管們都有一本詳細說明員工在不同的情況下應如何服務顧客的手冊，這個一開始很簡單的說明書，隨著時間無可避免地愈變愈複雜，很快地，新進人員說明會變得非常繁瑣，員工要花許多時間與精力學習公司的規定。現在，假使這類型公司裡有一位創業型主管希望嘗試一些新規定或程序，公司的職工手冊愈有系統，更改起來就愈容易，反之，若規定手冊原本就多有矛盾、模糊不清，那麼，更改時必定會造成許多困惑。

我在教授精實創業法時，發現以下這個概念是具有工程科技背景的創業家最難理解的。從一方面來看，驗證後學習成果與最小可行產品的邏輯告訴我們，要盡早把產品送到顧客手中，任何與學習顧客行為無關的額外工作都是浪費。另一方面，由於「開發—評估—學習」回應循環機制是一個持續進行的過程，我們製作完一個最小可行產品後，隨即就該將獲得的結果用在下一次的循環中。

因此，今天若在產品品質、設計或基礎建設上抄近路，明天很可能會拖慢公司的發展。這種矛盾的情形IMVU就曾發生過。第三章敘述過我們把一個錯誤百出、功能不齊、設計差勁的產品寄給顧客，結果根本沒有顧客願意使用這個產品，我們等於做了白工，幸好我們沒有浪費時間去修正那些產品問題，也沒有試著去收拾殘局。

然而，等到我們的學習終於製作出顧客**真正**想要的產品時，公司的發展速度卻開始變慢。品質不佳的產品會妨礙學習，因為瑕疵會影響顧客試用（及回應）產品的意願。當IMVU將產品推向主流市場時，發現主流市場消費者比早期採用者更難伺候，同時，我們為產品設計的功能愈多，就愈難再加入新的功能，因為新功能會有干擾既有功能的風險。類似的情形也出現在服務業中，因為新規定有可能與既有規定相衝突，而且規定愈多，衝突的可能性也愈高。

IMVU採用了本章敘述的技巧，以即時法達成了擴大公司業務與改善產品品質的目的。

五個為什麼的智慧

為了加速公司的發展，精實創業需要一個可以提供自然循環機制的工作流程。當公司發展過快，便會產生問題，適應性強的工作流程可以幫助你將速度放慢，同時會想辦法解決浪費時間的問題。一旦解決了問題，公司自然而然又會重新加速成長。

讓我們回到建立員工訓練課程的議題上。任何新進員工在其學習階段都需要其他部門團隊的協助與介入，一家公司若沒有員工訓練課程，新進員工很容易在工作上出錯，造成其他人的工作也受到拖累。藉由投資建立訓練課程，減少工作中斷的情形，加快公司發展的速度，是否真的值得呢？如果要用由上往下的方向思考這個問題，是十分困難的，因為你必須對兩個未知的元素做評估：為一個未知的好處建立一個未知的課程需要花多少錢？糟糕的是，傳統的決定方式使用的都是大量生產的思維，它只會有兩種結論：這家公司有完善的訓練課程，或這家公司沒有訓練課程。除非能認定投資建立一個完整的訓練課程可以得到相對或更大的回報，否則企業一般不會有任何動作。

現在有另一個作法可供選擇，一個稱為五個為什麼的系統，可以讓投資增值、讓初創事業的過程逐漸成形。「五個為什麼」的主要理念是直接投資在預防最棘手的症狀上。由於這個系統提出五次為什麼來調查問題發生的原因（根源）而得名，如果你曾經遇過一個早熟的小孩問你：「天空為什麼是藍色的？」然後你每次回答之後繼續追問「為什麼」，你應該會感到很熟悉。這項技巧是由豐田生產系統之父大野耐一所創造的一個系統式問題解決工具，我特別針對初創事業對其做了幾項修改之後，將它使用在精實創業法裡。

每個看似技術性的問題，追根究底後都是人為的錯誤，「五個為什麼」便提供了一個辨明這個人為錯誤的機會。大野耐一舉了以下這個例子：

當你遇到問題，你是否曾停下來問五個**為什麼**？聽起來雖然容易，做起來卻沒那麼簡單。假設一部機器停止了運作：

一、為什麼機器會停下來？（機器過熱，保險絲燒斷了。）

二、為什麼機器會過熱？（軸承沒有充分潤滑。）

三、為什麼軸承沒有充分潤滑？（幫浦沒有充分噴出潤滑劑。）

四、為什麼幫浦沒有充分噴出潤滑劑？(幫浦軸磨損發生嘎嘎聲。)

五、為什麼幫浦軸會磨損？(因為沒有裝過濾器，導致金屬碎片掉入造成。)

像這樣連續問五個為什麼，有助於找出問題的根源予以修正。假使這個程序沒有從頭貫徹到尾，結果可能只有保險絲或幫浦軸會被更換，如此一來，同樣的問題幾個月後可能會再發生一次。豐田生產系統便是奉行這個科學作法、逐漸演變而來。問題真正的原因通常都隱藏在明顯症狀的背後，提出五次「為什麼」並加以回答，就可以找出問題真正的原因。[2]

我們可以發現，大野所舉的這個簡單例子，其根本原因並非技術上的失誤(保險絲燒斷)，而是人為的錯誤(有人忘了裝過濾器)，不論是何種產業的初創事業，他們遇見的大部分都是這類典型的問題。回到服務業的例子，大部分一開始看似個人造成的錯誤，追根究底後會發現是訓練過程或原始訓練手冊教導如何應付顧客引起的問題。

現在讓我來示範如何利用五個為什麼建立上述的員工訓練系統，假設IMVU突然收到顧客抱怨我們剛推出的產品新版本。

一、新推出的產品把提供給顧客的一項功能關閉了。為什麼？因為某個特定伺服器當機

2 《追求超脫規模的經營：大野耐一談豐田生產方式》(*Toyota Production System: Beyond Large-Scale*)，大野耐一著。

了。

二、伺服器為什麼會當機？因為某附屬系統的操作方式不當。

三、為什麼該附屬系統的操作方式不當？因為操作該附屬系統的工程師不知道如何正確操作。

四、為什麼他不知道如何正確操作？因為他沒有接受過任何訓練。

五、為什麼他沒有接受過任何訓練？因為他的主管認為沒有必要訓練新進工程師，而且他和他的團隊「太忙了」，沒有時間。

起初以為是單純的技術錯誤，很快就發現是人為管理上的疏失。

按比例進行投資

究竟如何使用五個為什麼分析法來建立高適應性的企業？以不變的標準按照比例在五個等級制度中進行投資。換言之，如果問題較輕微，投資的幅度就應該小一些，如果問題較嚴重，投資的幅度就應該加大，如果沒有嚴重問題發生，就不應該進行大規模的預防性投資。

上述例子的解決方法包括修理伺服器、修改附屬系統以減少出錯的機率、對操作該系統的工程師進行在職訓練，還有，與該名工程師的主管懇談。

與主管懇談這件事本來就不容易，特別是初創公司的主管。如果我是一名初創公司的主管，你跑來告訴我，我應該對下屬進行員工訓練，我會沒好氣地回你，那只是在浪費時間。工作永遠做不完，我大概會用諷刺的口吻說：「好啊，我很樂意做這件事——只要你能替我空出建立這套訓練課程需要的八個禮拜時間，我一定效勞！」這是主管式「去你的」說法。

這也是為何不同比例投資法如此重要的原因。如果明白造成工作中斷的原因只是一個技術上的小故障，我們只須要做少量的投資。讓我們用八個禮拜訓練課程中的一個小時去修正它，聽起來時間似乎很少，但是起碼是一個開始。如果問題日後再度發生，我們就要提出五個為什麼，繼續探究問題的根源，如果問題從此沒有再發生，這一個小時的投資並不算是太大的損失。

我之所以以工程師訓練為例，是因為我當初在IMVU時不肯把心力投資在訓練課程上。在這個事業剛起步時，我認為必須全力開發、行銷產品。等到公司開始急於招聘員工加入時，才在持續使用五個為什麼的分析後，找出了造成產品開發速度變慢的原因——缺乏訓練課程。不過，我們並沒有放下手邊工作，完全投入訓練課程的建立，相反地，對工作流程採取漸進式持續改良的作法，每次獲得的利益也都是遞增的。時間一久，這些改變的影響也增大了，我們多出了許多過去浪費在滅火與危機管理上的時間與精力。

自動速度控制器

五個為什麼分析法扮演了一個天然速度控制器的角色。問題愈多，你花在解決問題上的投資就愈多。隨著基礎建設與工作流程的投資得到回報、危機的嚴重程度與數目下降，團隊就能重拾工作的正常速度。初創事業經常會發生衝太快的問題，以品質換取時間，因為工作草率造成許多不該出現的錯誤。五個為什麼可以幫助避免這類問題的發生，為公司找出最適合他們的發展速度。

五個為什麼除了將成長速度與執行做連結外，更與學習做結合。初創事業在遭遇任何形式的失敗時，包括技術失誤、未能達到企業設定目標或顧客行為無預警地改變，都應使用五個為什麼分析法找出原因。

五個為什麼分析法是一項效力宏大的組織技巧，有一些曾經受過我的訓練的工程師深信，我們可以從五個為什麼中衍生出其他精實創業的技巧，加上小量生產法的應用，企業便能擁有快速解決問題的基礎，而不會有過度投資或過度設計等現象發生。

五大指責的詛咒

團隊最初開始使用五個為什麼時，會遇到一些陷阱。我們需要像五個為什麼這樣的系統來克服我們的心理障礙，因為人們容易在問題發生的當下過度反應，也容易因為沒有料到問題會發生而變得沮喪。

當五個為什麼使用不當時，就會變成我口中的五大指責（Five Blames）。有些心生挫折的員工不但沒有找尋問題發生的原因，反而開始指著其他同事諉過，一旦主管與員工沒有使用五個為什麼尋找、解決問題，大家就會掉進五大指責的陷阱裡，將它當作發洩挫折怒氣的管道，指名道姓地把系統問題歸咎在同事身上。雖然說將錯誤歸咎於其他人的部門、所學、性格是人的本性，五個為什麼的目標是要幫助我們認清客觀的真相，即長期存在的問題是由於不健全的過程造成的，而非用人不當的結果，對於問題則必須採取相應的方式加以糾正。

至於如何避免五大指責，我有以下建議。首先，確定受到問題波及的每一個人都要出席分析問題根源的會議，包括發現或找出問題的人，如果可能的話，也應該包括接電話的客戶服務代表，還有嘗試解決問題的人，以及負責相關附屬系統或功能的人。若問題已經升級成高層管理人關切的問題，則決定將問題升級的人也應該出席會議。

儘管人數眾多，卻是必要的。我的經驗是，沒有參與會議的人通常會變成大家的箭靶，不論這個人是公司菜鳥或是首席執行長。如果是菜鳥，大家一定認為該把他換掉，如果是首席執行長，大家就會認為不可能改變他的行為。這兩個假設都是不正確的。

當指責無可避免地發生時，與會中層級最高者應該要重覆以下這句真言：「如果錯誤真的發生了，我們應該為如此輕易就發生這種錯誤感到羞愧。」五個為什麼分析法希望讓大家盡可能從系統的高度來看待問題。

剛才提到的真言，在一個情形下派上了用場。IMVU使用五個為什麼分析法發展出的訓練流程，要求所有新進工程師在上班的第一天，對公司的生產環境提出一項改變方案。對於受過傳統發展法訓練的工程師而言，這項工作令他們感到害怕。他們會問：「如果我不小心干擾或阻礙了生產過程怎麼辦？」因為這種情形若發生在他們的舊公司裡，他們的飯碗會不保。但是在IMVU，我們會告訴新進人員：「如果我們的生產過程脆弱到會被你這個第一天上班的人破壞，那我們真應該為此感到羞愧。」如果他們真的不小心製造出問題，我們會立即要求他們解決這個問題，同時也要盡力避免下一個員工犯下同樣的錯誤。

對從不同企業文化的公司過來的新進人員而言，這是一個令人緊張的開始，所幸每個人都能順利走過，並且對公司的價值有一番透徹的認識。一點一點地、一個系統跟著一個系統，這些小投資最終累積成一個健全的產品開發過程，提高了所有員工的工作創意，也大大減少了他們內心的恐懼。

入門指南

根據我過去在許多其他公司介紹五個為什麼分析法的經驗，我整理出幾項入門訣竅供大家參考。

為了讓五個為什麼發揮真正的作用，有幾項規定是必須遵守的。例如，五個為什麼需要一個能相互信任、充分授權的工作環境，如果工作環境不能達到這個要求，五個為什麼反而會為公司帶來不必要的麻煩。在這種情形下，我通常會提供一個簡化的版本，團隊仍然可以集中精力分析問題的根源，同時也能為將來使用完整版本分析法做好準備。

我要求工作團隊做到以下規定：

一、對於初次出現的錯誤採取寬容的態度；

二、絕對不容許同樣的錯誤再出現。

第一條規定鼓勵大家對錯誤要保持同情心，特別是他人的錯誤。要記住，大部分的錯誤都是有問題的系統造成的，不是人為刻意造成的。第二條規定要求團隊開始進行比例性的投資，防止問題再度發生。

這個簡化的系統成效顯著，其實在我發現五個為什麼與豐田生產系統之前，IMVU就是採行這個簡化版本。然而，簡化版經過長期使用後，效力會減弱，這是我的實際經驗。事實上，這也是激勵我開始學習精實創業的原因之一。

簡化系統的優缺點在於它帶出了以下的疑問，例如，「什麼樣的問題必須被視為同樣的問題？」「哪些錯誤是我們必須特別去修正的？」「我們是應該只解決這個單一的問題，還是要盡力防制所有同類型的問題？」這些問題對於一個剛成立的團隊而言，可以讓大家深思，而且可以為未來使用更縝密的系統打下基礎。不過，這些問題最終還是需要解答，這就是像五個為什麼此類完善、具高度適應性的過程系統派上用場的時候。

面對令人不悅的事實

你要做好心理準備，因為五個為什麼馬上就要將貴公司讓人不愉快的事實攤開來，而且會先揭開最讓人不愉快的部分。它會要求大家把原本可以用在開發新產品與新功能的時間與金錢投資在防範問題上。面對工作壓力，即使這項舉動長遠來看可以為大家節省更多的時間，團隊還是會覺得他們沒有多餘的時間浪費在分析問題根源上。這個過程有時會變調成五大指責。因此，在這個重要關頭，必須有一個手握大權的人物挺身而出，堅持這個過程的進行，確定建議事項被執行，並且在糾紛發生時扮演仲裁者的角色。換句話說，建立一個適應力強的企業需要管理高層支持這個過程並為其背書。

經常有些在初創公司工作的個別人士，參加過我的研討會後，迫不及待地想在公司裡使用五個為什麼，我總會提醒他們，如果沒有得到主管或團隊領導人的支持，千萬不要輕易嘗試。如果你也有相同的情形，請務必慎重行事。要獲得全體同事一致同意使用真正的五個為什麼並非易事，不過，你可以先在自己的工作上使用這個簡單的雙規則版本。只要工作出問題，你要

自問：我要如何才能讓這個問題永遠不再發生？

由小開始，注意細節

當你準備就緒，我建議你從一組小範圍的問題開始著手，例如，我使用五個為什麼的第一次成功經驗，是用它來診斷我們內部一個測試工具的問題，與顧客無直接的關係。一家公司浪費掉的時間大部分都是因為工作流程出了問題造成的，因此，許多人會想先解決眼前的大問題，但是這也是壓力最大的部分。當風險程度高時，五個為什麼很容易變成五大指責，因此必須先給團隊一個學習這個過程的機會，再逐步應用到較高風險的範圍，會比較妥當。

舉行五個為什麼會議時，問題症狀若能描述得愈詳盡，大家就愈容易找出癥結所在。例如，你希望利用五個為什麼來解決顧客對於收費的抱怨問題，在這種情況下，最好在顧客投訴量剛好累積到足夠啟動一次五個為什麼會議的時候舉行。要注意，顧客投訴的件數不能累積得太多才召開會議，若投訴件數已經累積太多，只挑選一組你認為比較有須要深入了解的，同時，決定何種抱怨才能啟動五個為什麼會議的規則必須要簡單明瞭，例如，你可以決定每一件牽涉到信用卡交易的投訴都必須進行調查，這就是一個容易遵行的規定，千萬不能使用模糊不清的規定。

一開始，你可能會有對每一個帳目處理系統進行大規模修整的衝動。萬萬不可。你只須要舉行一個簡短的會議，為調查工作的每一級行動挑選出簡單的修改方案即可。經過一段時間，當大家熟悉了這個過程之後，你就可以擴大處理付費抱怨的種類，乃至於其他方面的問題。

指定五個為什麼負責人

為了促進學習的成效，我發現在每一個範疇內指定一個五個為什麼的負責人是很有幫助的，這個人必須在每一次五個為什麼的會議上擔任仲裁者，決定要採取哪些預防措施，並且指派接下來要進行的工作。負責人必須是擁有交代工作權力的高階主管，但是不能是礙於責任衝突、不方便參加會議的最高階主管。五個為什麼負責人是責任歸屬的關鍵人物，他是主要的改變經紀人，擔任這個職務的人必須負責評估會議進行的成效，同時要確認在預防方案上的投資是否有獲得回報。

五個為什麼實例

想像遊戲娛樂公司（IGN Entertainment）是新聞集團（News Corporation）旗下的網路電子遊戲多媒體公司，擁有全球最多的電子遊戲顧客，有超過四千五百萬的電子遊戲玩家不斷在關注其媒體的組合。想像遊戲娛樂公司成立於九〇年代末期，二〇〇五年被新聞集團所收購，目前擁有數百名員工，其中包括約一百名工程師。

最近我與想像遊戲娛樂公司的產品開發團隊見了面，他們數年來的發展都十分成功，不過，他們也如其他成立多年的公司一樣，希望能加快新產品開發的速度，以及加強創新的能力。工程部、產品部與設計部都共同參加了這場會議，商討在哪些工作上可以應用精實創業法。

這項改變的行動事前已經得到了想像遊戲娛樂公司高層的支持，包括其首席執行長、產品開發部總監、工程部副總裁、出版部與產品部總監。他們之前進行過五個為什麼分析法，但是並不順利。那次他們試著要解決產品部提出的一長串問題，從網絡分析的差異，到輸入的合作夥伴數據無法運作等。他們第一次的五個為什麼會議開了一個小時，雖然想出了一些有趣的刪除工作，但是加入五個為什麼之後，事情變得一團糟。原因出在相關人員與最瞭解問題的人員都沒有出席這次會議，同時，由於這是他們第一次舉行五個為什麼會議，他們沒有遵照規定的模式進行，而且時常扯到許多題外話上。不過，這次會議並非全然浪費時間，只是未能從本章所討論的高適應性形式的管理法獲益。

不要將包袱丟進五個為什麼的分析過程裡

想像遊戲娛樂公司曾經試著要一次解決所有多年來一直在浪費時間的「包袱」，由於這是一組牽涉很廣的問題，盡早找出解決的方法似乎勢在必行。

想像遊戲娛樂公司一頭熱使用五個為什麼解決問題，卻忽略了三件重要的事情：

一、當公司出現新問題時，一定要舉行五個為什麼會議，這是將五個為什麼分析法介紹給公司每一位員工的方法。由於包袱具有個別範圍性，它們會自然而然成為五個為什麼分析法的一部分，你就可以趁此機會以遞增的方式解決它們。如果它們沒有自動出現，也許是因為它們並沒有看起來那麼嚴重。

二、每一個與問題有關聯的人都必須出席五個為什麼會議。許多公司會特別通融工作繁忙的員工，准許他們不出席尋找問題根源的會議，想像遊戲娛樂公司後來才明白這是一個非常不符合經濟效益的作法。

三、每次會議一開始，最好花幾分鐘的時間向與會者解釋使用五個為什麼過程的原因，以及對沒有使用過這個系統的人可能帶來的好處，可能的話，還可以舉出一個過去使用五個為什麼的成功案例，如果公司完全沒有使用過五個為什麼，可以我所舉出的不相信訓練課程的主管一例來說明。想像遊戲娛樂公司掌握到了這項技巧，只要情況適合，他們一定會使用具有私人意義的例子來幫助團隊瞭解過程。

在與我開會討論後，想像遊戲娛樂公司決定重試五個為什麼分析法，他們依照本章提出的建議，指派了工程部總監湯尼．福特（Tony Ford）為五個為什麼負責人。湯尼過去是一名創業家，他的公司後來被想像遊戲娛樂公司所收購。他由網路科技起家，於九〇年代末建構了多個電子遊戲網站，因緣際會創辦了TeamXbox公司，擔任軟體程式開發總監，直至二〇〇三年TeamXbox為想像遊戲娛樂公司所收購，從那時開始，他一直擔任想像遊戲娛樂公司的科技部主管、創新工作負責人及敏捷、精實法的倡導者。

可惜的是，湯尼沒有從小範圍的問題開始著手，以致於造成初期的失敗與挫折。湯尼事後分析：「身為一個新手負責人，我沒能有效地貫徹五個為什麼分析法，而且我們一開始針對的問題也並非適當的選擇。你可以想像頭幾次會議是多麼地尷尬而且沒有成效，我感到十分地喪氣和挫折。」對一個一次想要挑戰很多問題的人來說，這是很普通的情況，這也說明了一個事實，這些技巧是需要時間熟悉的。幸運的是，湯尼堅持了：「我認為負責人在五個為什麼過程中是非常關鍵的，五個為什麼知易行難，因此，你需要一個對這個過程非常瞭解、可以為不瞭解的人設計會議的人。」

轉機終於在一次湯尼主導的五個為什麼會議上出現了，這次會議包括了討論一項未能在截止日期完成的工作，結果非常成功而且有建樹，並且安排好有意義的不同比例投資工作。湯尼表示：「這次會議的成功要歸功於有一位經驗較豐富的負責人，與經驗較豐富的與會者，大家對五個為什麼的過程都有相當的瞭解，我也盡到了將大家凝聚在正軌上、避免離題的責任，這是非常關鍵的一刻。從那時起，我深刻地意識到，五個為什麼將會對我們的團隊與公司整體的成長，發揮實實在在的影響力。」

表面上，五個為什麼似乎只是用來解決、避免技術上的問題，但是當公司不再出現浪費資源的現象後，反而發展出團隊合作的共識。湯尼表示：「我敢說五個為什麼的作用超越了問題根源的分析，它所揭示的資訊讓團隊透過共同的瞭解與觀點，拉近了彼此的距離。很多時候問題會讓人的關係變得疏離，五個為什麼則完全相反。」

我請湯尼提供了一次想像遊戲娛樂公司最近的成功五個為什麼案例，內容如下：

為什麼無法在部落格上增加或修改訊息？

答：因為對文章內容應用程介面所做的每一項修改都會出現第五百號錯誤。

〈比例式投資方案〉吉姆：我們會改善應用程介面的問題，但是我們須要加強內容管理系統對使用者的寬容性，消除使用者在增加或修改訊息內容時會出現的錯誤，改善使用經驗。

為什麼內容應用程式介面會出現五百號錯誤？

答：因為bson_ext 繪圖微處理器與其他它所依賴的繪圖微處理器s不相容。

〈比例式投資方案N〉金：刪除繪圖微處理器（為了解決斷電問題已執行）。

為什麼繪圖微處理器會不相容？

答：我們在原有的繪圖微處理器之外增加了一個新版的繪圖微處理器，應用程式卻意外地開始使用它。

〈比例式投資方案〉班尼特：將 Rails 應用程序轉換成 Bundler

為什麼把新版繪圖微處理器加入生產過程前沒有先進行測試？

答：我們當時認為不須要進行測試。

〈比例式投資方案〉班尼特與吉姆：在應用程式介面與內容管理系統內撰寫一個單位或功能測試程式，避免日後再發生此類問題。

我們為什麼要加入一個我們不會立即使用的繪圖微處理器？

答：為了準備推出一個程式代碼，我們希望能將所有的新繪圖微處理器都放進生產系統中待命，卻忽略了繪圖微處理器還未如程式代碼一樣做好全自動操作設定。

〈比例式投資方案〉班尼特：將繪圖微處理器管理系統轉成自動化，並裝設到連續整合與連續安裝的過程裡。

加贈——我們為什麼要在週五晚上修改生產過程？

答：因為沒有人說不可以在星期五進行，而且這是程式開發師為星期一要部署的工作做準備的好時間。

〈比例式投資方案〉湯尼：發一個公告，以後不可在星期五、星期六、星期天進行生產過程的修改，除非有特殊情況，而且必須經過大衛（工程部副總裁）批准。我們會在全自動連續部署過程完成後，再重新評估這項措施。

在舉行過五個為什麼會議、進行了比例性投資工作後，我們的部署工作變得更容易、更快速，而且再也沒有出現過程式開發師將繪圖微處理器s放進生產系統中發生意外的情形。真的，我們沒有再發生過類似的事件，你可以說我們的「集體免疫系統」強化了。

如果沒有五個為什麼的幫助，我們不可能發掘出那麼多的資訊，也許我們只會警告該名程式開發師以後不要在週五晚上做一些愚蠢的事。這也是我之前強調的重點，一個稱職的五個為什麼會議有兩個作用，學習與執行。根據這個會議執行的比例式投資方案顯然非常有價值，學習成效雖然較不明顯，但是已經足夠讓程式開發師及整個團隊有所成長。

適應小量生產方式

在我們離開建立高適應性企業的話題之前，我還想再分享一個故事，如果你曾經自行創業，你大概會用過這個故事中的產品，這個產品就是「速記」（QuickBooks），英圖伊特公司的旗艦商品。

速記在同類型產品中久居領導地位，因此，它擁有非常廣大且死忠的顧客群，英圖伊特公司也希望這個產品能為公司帶來可觀的利潤。與過去二十年裡上市的個人電腦軟體一樣，速記每年都會以大量生產的方式推出新版本，直至三年前葛雷格·萊特（Greg Wright）加入團隊開始擔任速記的產品行銷總監為止。你可以想像英圖伊特公司當時一定已經有許多用來確定產品一貫性、能準時推出的系統過程，典型的產品推出方法之一便是要花許多的時間找出顧客的需求：

一般而言，每年產品週期的前三到四個月都是用來訂定策略與企劃，而不是用來製作新功能，要等到企劃書與里程碑訂好了，團隊才會在接下來的六到九個月進行生產的工作，然後盛大推出新產品，最後在整個過程接近尾聲時，才會得到顧客首次的回應，繼而才能瞭解產品是否滿足顧客的需求。

時間表通常像這樣：九月份啟動流程，六月份推出第一次測試版本，七月份推出第二次測試版本。測試版本主要的目的在確認產品不會造成使用者電腦當機，或讓使用者失去某些資料。但是到了那個時候，只有嚴重的程序錯誤才有被修正的機會，產品的基本設計早已固定無法更改。

這是產品開發團隊行之有年的標準「瀑布式」開發法，它是一個直線進行、大量生產的制度，能否成功完全倚賴事前的預測與企劃是否妥當。換言之，它完全不適用於現今快速轉變的商業環境。

第一年：大獲失敗

二〇〇九年，葛雷格在速記團隊上任的第一年，親眼目睹了產品的潰敗。那年，公司推出了一整套新的速記系統，主要為了配合網路銀行業務需求所設計。工作團隊在產品推出前，利用模擬產品與不具功能的原型產品，進行了好幾輪的使用測試，接著從顧客中取樣進行產品測試，正式推出時完全看不出產品有任何問題。

第一次的測試版本在六月份推出，顧客普遍反應不佳，抱怨連連，除此之外沒有充分的理由停止產品的推出，因為從技術的角度看，這個產品是無懈可擊的——不會造成電腦當機。這時，葛雷格陷入了困境，他完全沒有料到測試的反應會轉化成市場上真實顧客的行為。究竟這些抱怨是個別的，還是普遍的問題？有一點他可以肯定，就是他的團隊絕對不能延誤產品推出的時間。

產品最後還是如期上市了，結果卻糟透了。新版本讓顧客得花上比舊版本多四到五倍的時間才能處理好他們的銀行帳務。最後證實葛雷格的團隊未能達到為顧客解決問題的目標（除了產品本身符合標準外），由於下一次推出新產品還是要重覆相同的瀑布式過程，團隊又要再花九個月的時間去修正產品。這是一個典型「大獲失敗」的例子——成功地執行了一個有瑕疵的計畫。

英圖伊特公司使用一種名為淨宣傳評分（Net Promoter Score）的追蹤調查法[3]，評估顧客對其產品的滿意度，這是一項非常有用的可行性指標資源，可以得知顧客對一項產品真正的想法。事實上，我也在IMVU使用過這項工具。淨宣傳評分的一個好處是它在長時間使用後也能保持其穩定性，由於它是用來評估主要顧客的滿意程度，因此它不受小波動的影響，它只在顧客滿意度出現明顯落差時才會進行記錄。那年，速記的評分下跌了二十點，是公司有史以來第一次必須移動淨宣傳評分指針。下跌二十點讓英圖伊特蒙受巨大的損失，而且顏面無光——這都是在過程中太晚得到顧客回應、沒有時間可以補救的原因。

英圖伊特的管理高層，包括小型企業部總經理與小型企業會計產品部主管，都認為公司須要改變。他們任命葛雷格負責這次的改革工作，他的任務是：讓速記的發展與工作部署的速度和初創事業一樣快。

3　更多關於淨宣傳評分，請見http://www.startuplessonslearned.com/2008/11/net-promoter-score-operational-too-to.html及佛瑞德·瑞克豪德（Fred Reichheld）《終極問題》（*The Ultimate Question*）一書。

第二年：肌肉記憶

這個故事的第二章節將告訴你建立一個適應力強的企業有多困難。葛雷格在改變速記開發過程的行動上，採用了四大原則：

一、縮小工作團隊。將負責固定功能的大團隊，改組成人數較少、全面性參與、成員各自扮演不同角色的小團隊。

二、縮短產品開發週期時間。

三、盡快獲取顧客回應，同時進行產品是否造成顧客電腦當機，以及顧客對於新功能與使用經驗的測試。

四、鼓勵並授權工作團隊做出快速、果敢的決定。

表面上看來，葛雷格設定的目標似乎都符合了我們前幾章討論過的方法與原則，但是葛雷格在速記任職的第二年仍然交不出好成績。例如，他命令團隊必須在年中設定一個產品推出里程碑，以有效縮短週期時間、減少一次的工作量。可惜這項措施並未成功。憑著堅定的信念，團隊勇敢地在一月份推出初版產品，然而，大量生產開發的老問題依舊存在，在這種艱困的情況下，團隊好不容易在四月份製作出完整的初版產品，這是舊系統無法做到的成績，許多在舊系統下遲遲無法浮現的問題，現在早了兩個月就被發現了，代表整體工作過程是有所改善的，但是葛雷格覺得並未達到他所期望的明顯結果。

事實上，回顧該年的進程，團隊的工作流程與過去愈來愈像，葛雷格描述：「企業有肌肉記憶。」因此，要人們改掉原有的習性是很困難的。葛雷格要對抗的是一個系統，例如武斷改變產品推出日期這類的個別變動，是無法成氣候的。

第三年：爆炸

上一年非常有限的進展讓葛雷格感到十分挫折，於是今年他決定與產品開發部主管何曼修．貝克西（Himanshu Baxi）合作。他們捨棄了所有舊的流程，並對外宣佈兩人的部門將共同創造一個全新的工作過程，絕對不會再走回頭路。

這次，葛雷格與何曼修不再把產品推出日期當作重心，取而代之的是在流程、產品、技術方面推行小量生產方式。這些技術上的創新讓他們得以加快產品上市的速度，因而能在較快的時間內獲得顧客的回應。他們也打破了在年初擬好所有工作細節的習慣，葛雷格改採他們所謂的「構想／代碼／方案」匯集法，將工程師、產品經理、顧客全部聚集在一起，建立一條構想的輸出管道。對身為產品經理的葛雷格來說，沒有在年初擬好一個鉅細靡遺的產品推出日程工作清單是一件很可怕的事，不過，他卻對其團隊與新的工作流程深具信心。

葛雷格第三年與前兩年不同的措施為：

一、所有的團隊都要參與開發新技術、新流程與新系統的工作。

二、當發想出絕佳新構想時，成立跨功能小組負責執行。

三、每一項產品功能從發想開始，都必須有顧客的參與。

要注意的是，在舊的企劃過程中，一樣有顧客回應或顧客參與的環節。英圖伊特產品經理體現「現地現物」精神的方法，是讓顧客參與「跟我回家」[4]行動，藉此找出問題所在，以利下次產品的推出。然而，產品經理必須負責各項關於顧客的研究，然後將研究所得提供給團隊，告訴他們：「我們必須解決這項問題，順便附上解決這項問題的幾個建議方案。」

要改用跨功能的工作方式並非易事，因為團隊中會有些成員對新方式保持懷疑的態度。例如，有些產品經理認為工程師與顧客面對面開會是浪費時間，這些人覺得發掘顧客方的問題、決定解決問題的方案，是他們的職責，因此，他們的反應是：「那我現在的工作是什麼？我到底要做什麼？」同樣地，工程部覺得告訴他們該做什麼不就得了，何必浪費時間和顧客開會？在典型大量生產開發法的環境下，這兩個部門寧願犧牲團隊學習的能力，也要工作地更「有效率」。

要讓這個改革制度成功，關鍵在於溝通。所有部門主管都必須對他們所要推動的改革採取正面的態度，並且對於為何支持這些改革的原因開誠佈公。對英圖伊特而言，這是一個全新的制度，而員工對改革工作的懷疑多半源自沒有成功的實際案例可循，改革負責人必須向大家解釋舊制度為何無法發揮作用，以及每年推出一次產品的「列車」為何無法將他們帶向成功的目的地。在改革的過程中，他們會對目標結果進行溝通：顧客回應期與產品開發週期的縮短，這兩項是被過去一年一度產品推出週期所拆散的工作。改革負責人不斷強調其他初創競爭者如何努力地使用、重複這項新作法，若不能順應潮流，後果可能是被市場所淘汰。

* * *

過去，速記一直以龐大的團隊與長期循環週期為方式工作，例如，早年推出問題網路銀行業務的團隊，就包括了十五位工程師、七位品管師、一位產品經理，以及有時不只一位的產品設計師。現在，他們的工作團隊人數維持不超過五個人，每一個團隊都盡可能以最快的速度與顧客互動、進行實驗，然後利用驗證後的學習心得決定該投資改善哪些問題。速記過去在產品推出期間，會合併功能成為五大「分支機構」，如今則有二十至二十五個不等的團隊，能夠進行的實驗總數較過去多出好幾倍，而每個團隊開發一項新功能的週期時間約為六週，全程皆使用真實顧客做測試。

雖然建立一個適應力強的企業主要在於改變員工的想法，但是只改變企業文化是不夠的。我們在第九章中提到，精實管理法必須將工作視為一個系統，降低整個過程的每批工作量與週期時間。因此，要使改革發揮長久的效應，速記團隊還必須在能提供更新、更快的工作方式的

4 編註：英圖伊特業務員會在合作的零售通路等待、徵求購買者的同意後，跟購買者回家觀察安裝與使用過程。

工具與使用平台上做改善。

例如，上一年嘗試推出初版產品時遇到的最大壓力之一，是速記是一項任務取向的產品，許多小型企業將它當作其重要財務資料的主要儲存地，速記團隊因此對推出最小可行產品抱持了非常謹慎的態度，深怕一不小心會毀損客戶的資料。所以，即使他們改用小團隊、小規模的方式工作，這個風險讓他們很難在小量生產的方式下進行工作。

為了降低單批工作量，速記團隊必須投資開發新技術，他們製作了一個虛擬系統，可以在客戶的電腦上一次運行多個速記的版本，其中第二個版本可以使用客戶的資料，但是無法做永久性的更改，因此，毀損客戶資料的風險便消失了，他們便可以安心提供其他新版本給特定真實客戶試用、回應。

葛雷格在第三年獲得的結果十分正面，該年推出的速記版本得到比往年更高的顧客滿意度，賣出的產品數量也比往年多。如果你現在正在使用速記，你使用的很可能就是以小量生產方式製作出來的版本。葛雷格現正帶領速記團隊邁向改革的第四年，他們討論出了更多能夠降低工作量與週期時間的作法。一如以往，許多超出技術層面的問題會出現，例如，盒裝桌上型電腦軟體的年度業務週期對快速學習形成了一個明顯的障礙，團隊於是開始針對最活躍顧客製作的訂購性產品進行實驗。顧客在網路上下載更新軟體可以加快英圖伊特推出軟體的速度，因此我們很快就會看到速記每一季都在市場上推出新產品[3]。

* * *

當精實初創事業生根茁壯後，他們就可以在不影響其核心價值的原則下，使用適應力的技巧來發展更多複雜的生產過程：透過「開發—評估—學習」的循環機制加速公司的發展。事實上，使用源自精實製造法的技巧的一個最主要的好處是，當精實初創事業生根茁壯後，它們會擁有穩固的精實原則基礎，是其發展卓越經營能力強有力的後盾，因為它們已經瞭解如何使用精實原則經營事業、如何順應自身處境發展適合自己的生產過程，以及如何使用例如五個為什麼及小量生產等精實技巧。當一家成功的初創事業轉型為一家成熟企業時，它必定已蓄勢待發，準備發展一套能創造出如豐田一樣世界頂尖企業的紀律性經營文化。

不過，成功地轉型成一家健全的大公司並不代表故事已經結束，事實上，初創事業的工作永遠不會停止，正如第二章所述，即使成立多年的成功企業也必須透過破壞性創新來尋找新的成長途徑，這項當務之急近年來在各大公司出現的時間都提早了，成功的初創事業不能再期望靠股票上市帶給他們長期的市場領導地位，今天，成功企業面對的是來自新競爭者、動作迅速的仿傚者，以及鬥志旺盛的初創事業給予的立即競爭壓力，因此，初創事業的發展不可能會再

---

5 速記資訊來自瑪麗莎．波茲格（Marisa Porzig）的採訪。

有從毛毛蟲蛻變成蝴蝶那樣階段分明的過程。不論是成功的初創事業或成立多年的大企業，都必須一次學習多個戲法，致力發展完善經營方式的同時，也要採行破壞性創新法，這些都需要一套全新的組合思維，我們將在第十二章討論這個主題。

十二

創新

在初創事業成長的過程中，創業家有機會建立一個懂得如何在滿足現有顧客需求與尋找新顧客、管理現有業務與發掘新事業模式的挑戰間取得平衡的企業。

〈關鍵概念〉

- **貧乏卻穩固的資源**
- **發展事業的獨立自由權**
- **在成果中分享屬於個人的戰利品**

傳統觀念認為，企業規模一旦變大，就會失去創新、創意與成長的能力，但是我認為這個觀念是錯誤的。在初創事業成長的過程中，創業家有機會建立一個懂得如何在滿足現有顧客需求與尋找新顧客、管理現有業務與發掘新事業模式的挑戰間取得平衡的企業，而且，只要他們願意改變經營哲學，我相信即使是歷史悠久的老牌企業也能夠做到我所謂組合思維的轉變。

如何培育破壞性創新思維

創新團隊成功的先決條件是必須以正確的方式建構。有創投資金引導、做後盾的初創事業，在先天上就擁有一些成功的架構特質，例如它們都屬於獨立的小公司。企業內部的初創團隊則必須仰賴管理高層的支持，才能建立起這樣的結構。但是依據我的經驗，不論是內部或外部創新初創團隊，都必須具備三項結構上的特質：稀有卻穩固的資源、發展事業的獨立自主權，以及提供專屬個人的戰利品。這三項條件與既成企業內部部門的條件截然不同。請記住，架構僅僅是一個先決條件——並不能保證一定成功。但是如果架構方法錯誤，則幾乎可以保證一定失敗。

稀有卻穩固的資源

大型企業中的部門主管非常擅長利用政治手腕增加其部門預算，也明白這些預算並非完全不會出問題。他們通常會盡可能向公司要求最大的預算額度，同時要防範其他部門的掠奪。政治意味著有贏也有輸，萬一公司內部發生緊急狀況，部門原本的預算可能會有百分之十被挪去救急。其實這也不能算是真正的災難，大家頂多就是拿著剩餘的預算加倍、加倍努力工作，但是其實一般在編列預算時，都會多估算一筆發生類似意外狀況的墊底費用。

初創事業則不同，預算過與不及對公司都有害——正如無數達康公司失敗的明證——而且初創公司對預算在中途發生變化一事特別敏感，很少有獨立的初創事業會突然失去手上百分之十的資金，但是許多例子顯示，一旦發生這種情形，必定會對初創事業造成致命的一擊，因為它們沒有多餘的利潤可以經得起這樣的失誤。因此，初創事業在經營上要比傳統企業部門容易，相對地也更吃力，因為它們需要的總資金較少，但是這些資金必須是絕對安全、沒有變動之虞才行。

發展的獨立自主權

初創團隊在有限的職權下，須要得到充分的自主權進行新產品的開發與行銷工作，不須一再向上請示才能開始設計、執行實驗。

我強烈建議初創團隊要完全跨功能化，亦即每一個部門都必須派出一位全職的代表參與初期產品的設計及推出工作，做出的產品必須是寄得出去、具有實際功能的產品，而不只是雛型產品。移交工作、等待批准都會拖慢「開發—評估—學習」循環機制的速度，也會抑制學習成果與責任感。初創事業凡事都必須盡可能從簡。

當然，如此程度的自主權有可能造成母公司的恐慌，因此，舒緩這些恐慌就成了以下這項建議最主要的目的。

提供專屬於個人的戰利品

第三，對於其一手創造的事業，創業家擁有以個人身分分享成果的權利，獨立新事業通常會以股票上市或其他資產分配的方式來進行這件事，不過，最好的獎勵應該要以該新公司長期的表現為準，使用分紅制度分配利潤。

雖然如此，我倒不認為個人利益一定要與金錢有關，這對非以賺錢為目的的非營利組織與政府機構來說尤其重要，他們的工作團隊仍舊可以分享屬於自己的利益，上級組織必須清楚認定創新者為何人，並且對他創造出新產品的功勞給予應得的嘉獎與褒揚——如果它成功了。曾經有一位任職某大媒體的創業型部門主管這麼對我說：「撇開金錢上的獎勵不談，我總是會因為門上掛著我的名字，而覺得我擁有比他人更多的本錢與更多可以證明自我的能力，這種擁有的感覺是非常重要的。」

這個公式同樣也適用於營利企業。在豐田，全程負責新車開發的主管稱為**主席**（shusa），或首席工程師：

> 主席在美語中經常被譯為重量級專案經理，但是這個名稱彰顯不出他們身為設計首腦的真正角色。豐田員工將這個職務譯為首席工程師，並將研發中的新車稱為主席的車。豐田員工肯定地告訴我們，主席在開發新車的每一個環節中，都擁有最終極、最絕對的決定權。[1]

另一方面，有一家行事極為高調的科技公司，以擁有創新的企業文化著名，製造創新產品的成績卻令人失望。該公司吹噓他們有一個內部獎勵制度，對於工作表現傑出的團隊給予金錢與地位方面的獎賞，但是由管理高層頒出的這些獎項是以什麼作為標準——沒人知道。公司並未明訂贏取這個超級樂透的客觀標準，大家對於能否取得自己創造出來的作品擁有權都沒有太大的信心，因此，員工們都不願意冒實際的風險，把心力放在贏得管理高層青睞的專案上。

---

1 《日本工程：日本科技業管理方法》（*Engineered in Japan: Japanese Technology-Management Practices*），傑佛瑞・萊克、約翰・艾特利（John E. Ettlie）、約翰・坎貝爾（John Creighton Campbell）合著。

創造一個實驗平台

接著，要為獨立的初創團隊建立基本的經營規則：如何保護母公司、如何使創業主管負起應盡的責任，以及在創新工作成功後如何將它整合進母公司中。還記得第二章中那個隸屬於英圖伊特公司的SnapTax團隊成功建構出初創事業的「自由之島」嗎？這就是實驗平台的功能。

保護母公司

一般人對企業內部創業者的忠告，大多是警告他們要小心其母公司，我認為應該反向思考。

讓我先從我與一家大公司舉行的一場十分典型的諮詢會議開始談起。高層主管們都現身這場會議，為產品下一個版本決定該包含哪些功能。由於公司承諾以數據為導向，他們對產品訂價做了一項測試，會議的第一個部分就是對實驗獲得的數據進行分析。

問題來了，大家對數據代表的意義各持己見。會議上準備了許多特別製作的報告，資料庫人員也在場，大家對報表上每一行細節提出的問題愈多，沒有人知道這些數據是從何而來的事實就愈明顯。我們最後只看到產品在不同訂價下，每一季在某特定顧客區隔裡的總銷量，要消化這些大量的數據並不簡單。

更糟的是，沒有人知道這個實驗的對象是哪些顧客。而產品乃是由數個不同的團隊負責製作的，並分成不同的部分在不同的時間進行更新，整個製作過程費時數月，設計實驗的工作人員卻在此時被調到一個與執行實驗的團隊無關的部門。

你應該可以在這個狀況裡捕捉到許多問題點：使用虛榮指數而非可行指數、過長的生產週期時間、使用大量生產方式工作、成長假設模糊不清、實驗設計不良、缺乏團隊歸屬感，想當然爾也得不到什麼學習成果。

聽到這裡，我以為會議大概要結束了，因為大家發展不出共識來做決定，我想也不會有人能從中獲得任何基礎、做出任何行動。我錯了。我看到每一個部門都只採用最能支持其立場的數據分析，逕自決定起自己想要做的事，其他部門也相繼應聲而起。到最後，主持會議的主管被迫採用最冠冕堂皇的說法做了決定。

我認為這場會議浪費了太多時間在進行數據之爭，大家花了整天的時間爭辯，最後不了了之，這些爭辯其實是有機會在一開始就發揮作用的，但是每個人就像預先嗅到他將在會議上被伏擊似的，如果有團隊想要把狀況解釋清楚，等於是自掘墳墓。因此，原本應該出現的理性回應，都被盡可能地模糊處理掉，實在是太浪費了。

諷刺的是，這樣的會議讓以數據取向為名的決定與實驗，在公司內惡名昭彰，原因不言而喻。資料處理團隊做出的報告竟然沒有人要看，也沒有人看得懂；專案組認為這些實驗簡直就是浪費時間，因為產品只做了一半，不可能獲得好結果。「進行實驗」這句話對他們來說代表延後重大決定的意思。最糟的是，主管們埋怨這些會議讓他們得了慢性偏頭痛，過去安排產品工作順序會議雖然也是一場煙硝四起的辯論會，起碼他們知道發生了什麼事，現在居然還多了一項例行公事——先消化一堆複雜的數學問題，不但毫無用處，最後仍然演變成煙硝四起的辯論會。

合理的恐懼

不過，在這場部門內鬥中，隱藏著一種非常合理的恐懼。這家公司服務兩大市場區隔的顧客：企業對企業區隔與消費者區隔。在企業對企業市場中，該公司須要僱用業務代表銷售大批產品給其他公司，消費者市場則是顧客個人一次性的購買。公司目前主要的收益來自企業對企業市場區隔的生意，但是該市場區隔的成長正在逐漸萎縮中。公司上下一致認為消費者市場區隔的潛力雄厚，不過到目前為止都未有具體的發展計畫。

企業對企業市場區隔成長萎縮的部分原因在於該公司目前的定價結構，他們和其他許多與大企業做生意的公司一樣，先報出高價，然後再給下大宗訂單的「優良」客戶大比例的折扣優惠，每一位業務代表也都會盡量讓所有的客戶享受優惠價，但是對單獨的消費者而言，書面定價實在太高了。

因此，負責開發消費者市場的團隊希望能進行一項低價結構的實驗。這讓負責企業對企業市場的團隊很緊張，認為此舉會蠶食或削弱他們與現有客戶的關係，萬一客戶發現一般消費者的買價比他們的便宜怎麼辦？

這個問題對於曾經從事多元市場區隔業務的人來說，有許多解決的方法，例如設計不同等級的產品功能組合，讓客戶自行挑選適合的「等級」購買（例如飛機艙等），或乾脆將產品以不同的品牌推出。但是該公司卻遲遲無法執行任何解決方案。這是為什麼？因為害怕影響現有的業務，每一項提出的實驗不是被延後、暗中破壞，就是被模糊帶過。

在此強調，這種恐懼絕對有正當的理由。當領域受到侵犯時，主管們做出暗中破壞的舉動是無可厚非的。這家公司不像初創事業沒有什麼好失去的，他們有很多東西可以失去，一旦公司主要業務的收益減少了，主管之位就會大搬風，此事非同小可。

秘密進行創新的危險

創新的命令是無情的，如果實驗無法以敏捷的速度進行，公司最後就會落得與《創新的兩難》一書裡所描述的下場一樣：利潤每年不斷地增長，公司卻突然間崩塌。

在架構內部創新時，我們通常會問：我們要如何保護內部初創事業不受母公司的影響？我想要把這個問題倒過來重新組合：我們要如何保護母公司不受內部初創事業的影響？我的經驗告訴我，當人們感受到威脅時，會做出自我保護的動作，如果自我保護得以為所欲為，創新就不可能開花結果。一般人建議不要讓創新工作曝光其實是錯誤的，有許多曾經風光一時的成功企業，偷偷在他處設立科研重地或創新團隊，例如ＩＢＭ當年在佛羅里達州博卡拉頓市（Boca Raton, Florida）製造第一代ＩＢＭ個人電腦，完全與ＩＢＭ主線分開。不過，這些例子只能當作警示的故事看待，因為它們很少能發揮持續創新的作用[2]，背著母公司偷偷進行創新可能會帶來長期負面的後果。

換個角度想，那些突然被賦予創新重責大任的企業主管們，大多會有遭背叛的感覺，而且會變得偏執，他們會想，公司如果連這麼重大的事都能瞞，還有什麼事不能瞞？久而久之，在這些主管極力想找出威脅其權力、影響力與事業的背後原因之下，事情會愈來愈泛政治化。就算創新成功，也掩蓋不了這種行為不名譽的本質。從經驗老道的主管眼中看來，訊息再清楚不過：如果你不在門裡，你對秘密是完全沒有防備能力的。

如果說，做出這些反應的主管應該要受到指責，其實並不公平，該受指責的其實是公司的高層管理人，因為他們沒有設計好一套支援系統來管理、進行創新的工作。我相信這也是ＩＢＭ為何會在新市場上喪失領導地位的一個原因，因為他們選擇在黑箱中發展個人電腦業務，未能重新創造或延續最初帶領他們進行創新的企業文化。

製造一個創新沙盤

現在，我們面臨如何製造一個可以讓創新團隊攤在陽光下的挑戰，這條道路將帶領企業創造一個不論時間如何變遷、重覆遭受多少既存的威脅，都能持續創新的文化。我建議為創新工作製造一個演練用的沙盤，它會具備創新的影響力，但是不會對初創團隊的工作方式造成約束。方法如下：任何團隊都可以設計一個真正的分組測試實驗，這個實驗只針對沙盤內的（組合式）產品、服務的某一部分、（新產品的）目標顧客市場區隔或領域進行測試。但是：

一、必須要有一個團隊從頭到尾監看整個實驗過程。

二、實驗絕對不可以超過既定時間（簡單的功能測試通常只需要幾週，較具破壞性的創新實驗則需要較長的時間）。

三、實驗顧客人數絕不可超過既定數目（通常是一個公司主流顧客群總人數的百分比）。

四、每項實驗都必須依照一份列有五到十項（最多）可行指數的標準報告進行評估。

五、每一個在沙盤內工作的團隊與製作出來的產品，都必須使用相同的數據來評估。

六、設計實驗的團隊必須在實驗進行中持續監測數據及顧客反應（例如客服中心來電、社群媒體

---

2 《電腦雜誌》（*PC Magazine*）〈回首：電腦雜誌十五年〉（Looking Back: 15 Years of PC Magazine）一文，麥可．米勒（Michael Miller）著：http://www.pcmag.com/article2/0,2817,35549,00.asp。

反應、論壇主題等），一旦出現大問題，立即終止實驗。

沙盤一開始最好不要太大。以先前的企業為例，它的沙盤一開始只有訂價部分。沙盤的大小會因為產品種類而異，例如，網路服務可能限制在某幾個特定網頁或使用者流量、零售業務可能限制在某幾家門市或地區、推出全新產品的公司可能限定在某幾個市場區隔。

沙盤實驗與測試一個構想或市場不同，沙盤中選定的顧客都是真實的，創新團隊可以與他們建立長期的關係，畢竟團隊會長時間對這些率先使用者進行測試，直至達到他們的學習里程碑為止。

創新團隊應盡可能跨功能，而且要有一個明確的領導人，就像豐田汽車的主席。這個團隊必須擁有在沙盤內製造、行銷、部署產品功能的自主權，不須事前申請批示。它必須使用標準的可行指數及創新審核法來評估工作的成敗。

這個方法也可以適用於從來沒有以跨功能形式合作過的團隊。剛開始幾項改革，例如改變價格，也許不須要工程部的支援，卻須要各部門一起進行協調，包括工程部、行銷部、客服部等。只要生產力是以各部門創造顧客價值的能力來衡量，而不是以工作量大小來衡量，你會發現以這種方式工作的團隊具有較高的生產力。

實驗成功與否很容易界定，你只要觀看最上層的數據是否變動就可得知。不論成功或失敗，團隊可以馬上知道他們對顧客行為的預測是否正確。只要每次實驗都使用相同的指數，就能培養公司每一個人對這些指數的認知。由於創新團隊使用第二階段中介紹的創新審核系統做進度報告，看過報告的人毫無疑問一定都能感受到可行指數的威力，它的效果是非常強人的，就算有人想要在暗中陷害創新團隊，不先瞭解所有的可行指數及學習里程碑的話，是絕對做不到的。

沙盤還可加速重複的過程。當人們有機會從頭到尾看到一項以小量生產方式進行、快速提出明確報告的專案過程時，他們會從回應的效力中得到助益。每次當數據沒有產生變化時，就是他們立即對結果展開行動的大好機會。因此，就算這些團隊一開始提出的構想很差勁，他們還是可以很容易匯集出最佳的解決方案。

這也就我們之前看到的小量生產原則的體現。專精特定功能的專家大部分都是經由大量生產方式的途徑被訓練出來的，尤其是那些長期在瀑布式或柵欄式開發法環境下工作的專家們。這種情況下，就算構想再優秀，也會遭遇資源浪費的問題而癱瘓。使用小量生產方式的沙盤能夠允許團隊在短時間內發生代價不高的錯誤，然後迅速從經驗中學習。接下來我們將看到一些小型實驗，其結果足以證明工作團隊發展出可以整合至母公司的可行事業。

讓內部團隊負起應盡的責任

我們已經在第七章中詳細討論過學習里程碑。對企業內部初創團隊來說，應盡義務的順序是相同的：根據顧客原型建立一個破壞性適當的理想模式、推出最小可行產品建立基礎線，以及試著調整引擎朝目標前進。

在這個架構下運作，企業內部團隊基本上等於是初創事業，當任務成功之後，他們必須重新被編整回到公司整體的產品與服務組合之中。

培養管理人才

有四大類型的工作是企業必須加以管理的。[3]隨著內部初創事業的成長，提出原始構想的創業家必須開始面對事業規模的挑戰。當這項新產品爭取到主流新顧客、攻下新市場後，它會成為公司對外形象的一部分，在公關活動、行銷、銷售，以及業務開發各方面都有重要的象徵意義，同時也會引起競爭者的出現，包括抄襲者、行動快速的追隨者，以及各式各樣的仿效者。

一旦新產品的市場穩定了，工作程序會變得較為公式化。為了對付產品在市場上無可避免的商品化問題，擴大產品線、增量升級、新型態的行銷活動都是必要的。增加利潤的一個重要方法就是減少支出，在這個階段，經營能力是一個比較關鍵的角色，這時需要的是一個擅於將產品優質化、委任授權、控制預算與執行工作的管理人。公司的股價須要倚靠這類可預測的成長。

還有第四個由經營成本與原有產品所支配的層面，這是一個牽涉到外包工作、公司自動化與減低成本的領域。即使如此，基礎建設仍然是以任務為主要考量，公司的設施、重要基礎建設若有差錯，或發生遺棄忠誠顧客的狀況，都足以讓整間公司翻車出軌。然而，這個階段與成長或優質化階段不同，在問題點上做修正投資並不能為公司帶來顯著的成長，此類企業中的管理人會遭遇和棒球裁判相同的命運：出問題時會被指責，成績好時也沒有人感謝。

我們通常會用大企業的角度來討論這四個事業層面，它們在大企業中代表的可能是整個部門以及數以百計、甚至千計的員工。選擇這些特殊案例是有原因的，因為其事業進化過程最容易觀察。然而，所有企業無時無刻不在進行這四個層面，產品只要一在市場上推出，團隊的工作人員無不為前進到下一個層面而奮鬥。每一項成功產品或功能的生命，從它還在研發部時就開始了，最終發展成公司策略的一部分，然後經過優質化的階段，最後走入歷史。

初創事業與大企業的一個共通問題是，開發產品的員工通常會隨著產品從一個層面轉移到下一個層面，一般的作法是由新產品或新功能的發明者負責管理後續的資源、團隊或最終將產

---

3 接下來的討論要特別感謝傑佛瑞·摩爾的《市場達爾文法則》，由於該書，我得以幫助許多不同規模的公司應用這個架構。

品商品化的部門。這個作法令原本極富創造力的管理人被迫從事產品成長與優化的工作，而無法致力發展新產品。

這個傾向是造成大企業難以找到具有創造力的主管推動創新事業的原因之一。每一項全新的創新事業都會與已進行的工作項目競爭資源，而最難爭取到的資源其實就是才能。

創業家不過是一個職稱

要脫離這樣的困境，必須用不同的方式來管理這四個層面的工作，每一個層面都要由一個堅強的跨功能團隊負責發展。當產品由一個層面轉至另一個層面時，必須完全交接給另一個團隊。員工則可以選擇成為交接的一部分、隨產品轉移，或留在原地開展新工作，兩樣選擇都無所謂對錯，全憑該員工的特質與專業技術而定。

有些人天生適合當發明家，因為他們不喜歡承受業務發展階段裡的壓力與期待；有些人懷有雄心大志，認為創新事業是通往管理高層大位的道路；有些人則特別擅長經營成立多年的大企業、外包工作、強化工作效率及降低成本。公司應該讓員工選擇最適合他們發揮的工作。

事實上，在大企業中任職的創新者，可以視自行創業為一條可行的事業道路。有些能使用精實創業法帶領團隊的主管，等到離開任職的企業後，才因為其能力獲得回報，有些則假裝很能融入功能部門裡嚴苛的等級文化。其實，這些人的名片上應該在姓名底下印上「創業家」三個字，然後讓創新審核系統督促他們負起應盡的責任，並依其工作成績給予升職或其他形式的獎勵。

在創業家於創新沙盤中培育出成功的產品後，應該將此產品重新整合至母公司的體系之中，由一組規模較大的團隊負責這個產品的後續發展、商品化與規模化。一開始，新團隊須要在沙盤中創造出這個新產品的創新者繼續領導整個團隊。事實上，這是這個過程裡一個正面的部分，它讓創新者有機會在原始沙盤中學會的新工作型態中，訓練出新的團隊夥伴。

在理想的狀況下，沙盤應該會隨著時間成長，亦即沙盤其實是有機會擴大其工作範圍，而不須將團隊從沙盤中釋出，轉成公司標準體系的一部分。例如，在沙盤中若只須對產品某些方面進行實驗，便可以在日後為產品增加新的功能。之前提到的網路服務便可以從設計一個只含產品價格的網頁的沙盤開始做起，當實驗成功後，再把主頁加入沙盤中，陸續再加入搜尋功能，及至整個網站設計。如果沙盤一開始只針對特定顧客或特定數目的顧客做實驗，後續可以擴大顧客的範圍。當這些改變都完成後，管理高層應該要思考沙盤中的團隊是否能在母公司的政治環境中自力更生，母公司或任何擴展計畫都不應該忘記他們當初都是受沙盤所保護的。

在沙盤中進行創新，就像在為初創事業鍛鍊肌肉一樣，團隊一開始也許只能進行少量的實驗，最初的實驗也可能無法獲得有價值的學習成果或值得擴展的成就，但是久而久之，只要這些團隊能持續透過小量生產法與可行指數獲得回應，並盡力達到學習里程碑的要求，幾乎都能有長足的進步。

當然，任何創新制度不免淪為其成就下的受害者。當沙盤擴展後、公司的收益因為沙盤創造的創新事業增加後，整個生產週期必須重新來過，前任創新者必須成為沙盤現狀的監護人。當產品範圍擴大至塞滿整個沙盤時，以完成任務為原則的經營方式，會加諸額外的規定與控制權在產品身上，產品無可避免被這些規定與控制權所累。面對新的創新團隊，你必須給他們全新的沙盤。

成為現狀的一部分

創新者最難接受的是最後的過渡階段：從激進的局外人轉變成現狀的化身。在我的職場生涯中，這件事對我造成很大的困擾。你可以從我支持的精實創業技巧中看出，我一直是公司裡的一號麻煩人物，總是在推動工作循環週期的加速、數據取向的決策過程，以及早期顧客參與等工作方式。在這些想法尚未成為企業主要文化之前，當一個擁護者其實很簡單（即使令人感到挫折），我只要盡我所能大力推動我的理念就對了。由於主文化把這些想法看成異端邪說，出於息事寧人的心理，他們會對我做出些許「合理的」妥協。我要感謝心理學中提出的定錨效應（anchoring），促成了這個有害誘因的出現：我提出的建議愈激進，合理的妥協就愈接近我真正的目的。

把時間快轉至我帶領產品開發部的時候。我們當時僱用的新進人員，都必須接受精實創業文化的教育，分組測試、連環佈署、顧客測試，都是標準課程。我必須繼續擁護我的理念，確定新進人員做好嘗試的準備，但是對已經在公司工作一段時間的員工來說，這些理念已經成為現狀的一部分。

我也和其他許多創業家一樣，為了到底是要持續宣揚本人的理念，還是該考慮接受員工提出的改善方案而矛盾不已。我多年前輝煌的戰績告訴我：他們的建議愈激進，我的妥協就會愈朝他們目標方向靠攏。因此，我決定廣納意見：這些建議包括了重拾瀑布式產品開發法、加重使用品管、減少使用品管、增加顧客參與的比重、減少顧客參與的比重、多倚重遠見、少使用數據、用較嚴格的統計方式解讀數據等。

我花了一番工夫，很認真地考慮了這些建議，然而，教條式地回應員工沒有幫助，平分差異的妥協方法也不奏效。

我發現，我應該一開始就使用能達成精實創業的統一且嚴謹的科學探索方式，去審核每一項建議。這個理論能夠對改革建議進行預測嗎？我們可以先召集一個小組進行這項改革，看會出現什麼結果嗎？我們能評估其影響力嗎？不論這些建議何時能被執行，都增長了我的見識，更重要的是，提高了公司的生產力。許多IMVU發明的精實創業技巧並非來自本人，它們其實是那些將其創意與才能帶進這項工作裡的員工所發想、培育與執行的。

最重要的是，我常被問到一個很普通的問題：我們怎麼知道「你的方法」有辦法建立起一家公司？還有其他公司使用這個方法嗎？有誰因為使用這個方法致富或成名的嗎？這些問題都十分合情合理。我們產業裡的巨擘使用的都是速度較慢的直線型經營法，為什麼我們要使用不同的方法呢？

這些問題都須要搬出理論來回答。將精實創業法當作一組定義好的步驟或戰術的人是不會成功的，唯一的辦法只有實實在在地學習。在精實創業環境中，經常會有錯誤發生。當錯誤發生時，我們就會遭遇一個盤古開天時就存在的難題，如戴明所歸納的：「我們怎麼知道這個問題是特別的原因造成的，還是制度原因造成的？」若公司當時正處於試用新工作方式的時期，大家就會傾向把問題歸咎於新制度。這個傾向有時是對的，有時是不對的，要辨別其中的差異，就需要理論的幫忙。你必須具備預測改革結果的能力，才能分辨出眼前的問題到底是不是真正的問題。

例如，將生產力的定義從功能的優異性——優秀的行銷、銷售或產品開發力——改成驗證後的學習心得，會造成許多問題。我們前面曾指出，功能專家慣於以工作時間的比例來評估他們的工作效率，例如，程式設計師希望整天都能埋首編碼。傳統工作環境讓這些專家深感挫折的原因是：他們經常被各種會議、跨功能部門交接、向數不清數目的老闆們做工作報告等事干擾，這些都是降低其工作效率的原因。然而，精實創業追求的不是這些專家的工作效率，而是強迫團隊以跨功能方式工作，獲取驗證後的學習心得，要達到這個目的的技巧包括了——可行指數、連續部署及整個「開發—評估—學習」的回應循環機制——還可以讓團隊在不知情的情況下改善他們個人的功能性。我們能在多短的時間內開始進行評估並不重要，重要的是我們走過整個循環週期的時間有多快。

在我教授精實創業系統的這段時間裡，我注意到一個不斷重複的模式：「改用驗證後學習成果法會先苦後甜。」這是因為舊制度造成的問題大半是無形、模糊不清的，而新制度的問題幾乎都是有形而明確的。擁有理論給予的好處後，就能對症下藥。如果明白生產力降低是過渡期必然的現象，事情就會變得容易處理，因為大家都有心理準備。例如，我從提供諮詢的經驗中學習到，我最好在第一天就告知大家這些問題，否則，所有的努力可能都會泡湯。在改革工作稍有進展後，我們可以使用問題根源分析法與快速回應技巧來決定哪些問題須要預防。歸根究底，精實創業法只是一個架構，不是一份實際步驟的藍圖，必須根據每一家公司的特殊狀況做調整，不能只是依樣畫葫蘆，使用像五個為什麼這類的技巧，可以為貴公司量身打造一套最適合使用的經營系統。

專精、深入瞭解這些構想最好的方法，就是將自己投入實踐這些構想的社群中。精實創業聚會的社群正在全球各地及網路上蓬勃發展中，本書最後〈加入精實創業運動〉將提供你如何從這些資源中獲得好處的建議。

結語

節流

對於最初的願景，我們應該盡快測試它，而不是捨棄它；我們應該追求杜絕浪費，而不是建造高不可攀的品質標準，應該利用敏捷法來達成，並突破現有的事業結果。

二〇一一年是腓德烈・溫斯洛・泰勒（Frederick Winslow Taylor）所著《科學管理原理》（*The Principles of Scientific Management*）一書面市一百週年紀念。科學管理運動改變了二十世紀的歷程，讓我們享受到現在視為理所當然的繁榮富裕。泰勒實實在在地發明了從今日眼光看來簡單的管理方式：個人工作效率的改善、例外管理法（只針對意料之外的好結果或壞結果做處理）、工作內容格式化、工作加紅利的薪資系統，以及——最重要的觀念——透過有意識的努力，工作本身是可以被審視、改善的。泰勒發明的當代白領工作觀，將企業看作是從個人層級以上都必須被管理的系統。而過去的管理革命之所以都是由工程師帶領的原因是：管理是一門人類制度工程學。

一九一一年時，泰勒寫道：「過去，人的重要性總是超越一切；未來，制度的重要性必須超越一切。」泰勒的預言應驗了，我們現在正活在一個他所想像的世界裡，而且他發動的革命——從諸多方面來看——都獲得了空前的大勝利。儘管泰勒宣稱科學是一種思維，很多人卻把這個訊息與他所擁護的一些嚴謹方法混為一談，例如碼錶時間研究、差別論件計酬制，以及——最傷人的概念——工人的地位只比自動化機器高一點。許多這類方法後來都被認為太具殺傷力，有賴近代理論家與企業管理人予以廢除。重要的是，精實製造重新發現了每一位工人內藏的智慧與進取心，將泰勒所謂效率的觀念，從個人任務的層面重新導向全面的企業組織。不過，每一項後續的革命都採納了泰勒的核心思想，那就是工作可以用科學方式來審視，可以透過嚴格的實驗方法予以改善。

結語

節流

邁入二十一世紀，我們遭遇到一系列泰勒想像不到的新問題：我們的生產力遠超過我們知道該製造什麼的能力。二十世紀初期雖然有大量的發明與創新，但是大多是為了提高工人與機器的生產力，以供給全世界人口足夠的糧食、衣服與住所。這項任務至今尚未完成，世界上仍有數以百萬計的人們生活在飢寒交迫中，但是這個問題現在如今只能靠政治力量來解決。我們現在有足夠的能力製造出任何我們想像得到的東西，這個時代的問題已經不是「這個東西做得出來嗎？」而是「我們應該做這個東西嗎？」。因此，現在是一個不尋常的歷史時刻：人類未來的繁榮昌盛繫於人類整體想像力的素質。

泰勒於一九一一年時寫道：

> 我們會看到森林逐漸消失、水資源遭浪費、泥土被捲起的大浪沖進海裡，而且，我們已經看到煤與鐵就快用盡了。然而，更可怕的浪費是我們每天藉由捅簍子、方向錯誤或工作沒有效率所造成的人力消耗……這些浪費是難以察覺的、無形的，但是似乎是受人感激的。
>
> 我們看得見、感受得到實體物品的浪費，奇怪的是，人們沒有效率、方向錯誤的行為卻像船過水無痕。人們的感激須要進行記憶與想像，基於這個原因，儘管我們每天在人力上的損失大於實體物品的浪費，後者大大地引起了我們的騷動，前者卻對我們產生不了什麼影響。[1]

大家對這段上一世紀的話有何感想？或許會覺得有些過時。活在二十一世紀的我們非常瞭解效率的重要性，以及生產力提高的經濟價值。與泰勒當年的工作環境相比，我們現在的工作環境是超乎想像地有紀律、有組織——起碼在製造實體物品方面是如此。

從另一方面來說，泰勒這番話在我耳裡聽來竟然完全合乎時宜，雖然我們對自己的生產效率感到驕傲，但是我們的經濟狀況卻是令人難以想像的浪費。這些浪費並非因為工作規劃沒有效率，而是把精力花在錯誤的工作上——而且是工業規模的工作量。正如彼得·杜拉克(Peter Drucker)所說：「用高效率工作當然沒有什麼浪費可言，問題在於這些根本是不應該做的工作。」[2]

人們到現在還是一直很有效率地在做著錯誤的事，現代人工作上浪費的數量是難以被確實估算出來的，不過，可供茶餘飯後聊天用的奇聞軼事倒是源源不絕。在我宣揚精實創意的諮詢會議與旅途中，大大小小的公司不斷地給我同樣的訊息，每一個產業裡都充斥著無數產品推出失利、工作構想拙劣、大量生產的死亡漩渦的故事。我認為不當使用他人的時間，是一種對人類創造力與潛力不以為意的浪費，誠屬犯罪行為。

到底有多少比例的浪費是我們可以避免的？我認為這個比例應該要比大家現在瞭解的要高出許多。大部分的人都對我表示，起碼在他們所屬的產業中，工作失敗是有其原因的，例如，工作本身的風險本來就高、市場狀況無法預測、「大企業的人」本來就沒有創意等；有些人則認為，如果我們能把腳步放慢，採用一個比較安全的過程，我們可以藉由減少工作數目、提高工作品質的方式，降低失敗的機率；還有人認為，某些人就是天生擁有未卜先知的力量，如果我們能多找一些這樣的先知和好手，問題自然能迎刃而解。這些「解決方案」在人們還未接觸過現代管理方式的十九世紀裡，的確曾經被視為最先進的思想。

在發展速度愈來愈快的世界裡，這些古老的方法完全派不上用場。被委以不可能任務的管理高層，通常都是工作、業務失敗被責怪的對象。被指責的對象有時會是公司財務上的投資者或大眾市場，被指責的原因是他們過於強調快速修正與短期結果。說法還有很多，卻鮮少有能夠指引領導者與投資人今後方向的理論。

精實創業運動與這些令人手足無措的情況形成了強烈的對比，我們相信，只要瞭解背後的原因，創新工作中大部分形式的浪費都是可以避免的，而改變我們對工作應如何完成的整體態度，就能瞭解浪費形成的原因。

一味地囑咐工人們加倍努力工作是不夠的，我們現在的問題都是由於過於努力——做錯誤的工作。過分關注功能效率讓我們無法看清創新真正的目標：學習未知的事物。戴明教導我們，重點不在設定量的目標，而在修正達成目標的方法。精實創業運動代表了一個原則——科

1 http://www.ibiblio.org/eldritch/fwt/ti.html。

2 http://www.goodreads.com/author/quotes/66490.Peter_Drucker。

學方法可以用來回答創新最急於瞭解的問題：「如何透過一組新產品或新服務建立一個永續經營的機構？」

企業內部超級員工

一位學員在研討會結束幾個月後來拜訪我，告訴我以下這個故事：「學習精實創業原則讓我覺得自己彷彿擁有了超能力。雖然我只是公司裡一個資淺的員工，但是當我與公司各部門多位副總裁與總經理開會時，我會問他們一些簡單的問題，然後很快地讓他們瞭解其工作項目依據的基本假設可以被測試的程度。幾分鐘之內，我就可以做出一個能夠以科學方式驗證這些工作項目的計畫，避免出現日後難以挽救的錯誤。他們不斷表示：『哇，你好厲害，我們從來沒有用過這麼嚴格的標準來看待新產品。』」

基於這些互動，這位學員在其服務的大企業內被視作超級員工，這對其事業前途助益頗大，但是他私下卻感到十分挫折。這是為什麼？雖然他**真的**很聰明，但是他對問題計畫的洞察力與其本身的聰明才智無關，而是理論幫助他去預測未來並提出建議。他的挫折感來自於他提案的對象看不出這個系統的存在，他們誤以為成功的關鍵是多找一些像他這樣的人組成工作團隊，他們沒有發現這個員工真正提供給他們的機會：改變對創新發生原因的認知，才能以系統式的方法創造更好的結果。

將制度擺在首位的風險

和泰勒一樣，我們面對的挑戰是如何說服現代企業的管理人將制度擺在第一位，不過，泰勒論（Taylorism）只能當作一個具有警告意義的故事，重要的是，我們將新概念灌輸給主流大眾的同時，也別忘了歷史給我們的教訓。

泰勒以極力推行科學管理方式、減少人類聰明才智在管理上的比重而聞名。以下這段話完整引述自《科學管理原理》一書，其中包括了將制度放在首位的經典名句：

> 未來，世人將會感謝一個事實，那就是我們的領導人除了天生必須優秀之外，後天還必須受過正確的訓練，再也沒有一個（個人化管理舊制度下的）大人物，能夠與一群經過精心組織、能夠合作無間的平凡小人物相抗衡。
>
> 過去，人的重要性總是超越一切；未來，制度的重要性必須超越一切。不過，這並不表示我們從此不再需要偉人，相反地，一個優良制度的第一要務就是培養第一流人才。[3]

3 http://www.ibiblio.org/eldritch/fwt/ti.html。

不幸地，泰勒堅持科學管理與尋找、提拔優秀人才並不互相抵觸的言論，很快就被遺忘了。事實上，透過早期科學管理技術，例如碼錶時間研究、工作加紅利薪資系統，特別是功能領班制度（現代功能部門的前身）提高的生產力，是如此顯著，讓接下來幾代管理人都忘記了執行技術者本身的重要性。

這個現象造成了兩個問題：第一，商業制度變得過分嚴格，以致於無法從適應力、創意與工人的個人智慧中得到好處；第二，原本用於使企業能夠在最和諧的狀況下取得一致結果的企劃、預防、程序等工作，被過分強調。精實製造運動首先在製造工廠中對這些問題發動攻擊，造成的結果也傳遍了各大企業，但是時至今日仍然可以看見新產品開發、創業及創新工作還在使用過時的架構工作。

我希望精實創業運動不要和過去一些運動一樣，掉進相同的還原陷阱裡。我們才剛開始發掘出創業的管理規則、提高初創事業成功機率的方法，以及建立全新創新產品的系統方式。傳統創業法固有的優點如對遠見的高度推崇、甘願冒著風險大膽嘗試與敢於面對極端不利條件的勇氣，絕對不會因為精實創業法的出現而褪色，相反地，現代社會對創業家的創意與遠見的需求更甚從前，因為事實上，這些珍貴的資源是我們浪費不起的。

產品開發偽科學

如果泰勒還在世的話，我相信他一定會對現在用以管理創業家與創新者的方式感到可笑。現代企業僱用科學家與工程師為它們工作，這些人高超的科技魔法若出現在二十世紀初期，一定會讓當時的人看傻眼，但是企業管理他們的方法卻絲毫不具科學精神。事實上，我不客氣地稱那些方法是偽科學。

人們總是根據直覺來決定新工作項目的生死，而不是依據事實來挑選，但是本書告訴大家那並不是問題的根源。所有的創新都是從願景開始，但是接下來會發生什麼事才是重點。我們也看到許多創新團隊埋首於創造「成功戲院」，選擇性地使用能支持其想法的數據，而不願將其想法的組成元素付諸實驗，有些團隊甚至偷偷摸摸劃出一塊沒有數據的區域，用來進行不限次數、沒有顧客回應或對外責任的「實驗」。無論在任何時候，一個團隊如果試著利用標榜整體指數的圖表來展示工作上的因果關係，這個團隊就是在從事偽科學，因為我們無從辨別這些因果關係的真偽。任何時候一個團體如果藉「學習」之名，試著為其失敗作辯解，同樣也是在從事偽科學。

如果在一次重複週期裡得到某些資訊，就應該在下一次週期裡將這些資訊轉化成驗證後的學習心得。我們必須先模擬出一個顧客行為模式，然後證明使用我們的產品或服務可以對這個模式造成改變，如此才能為願景的有效性建立起真正的事實。

在我們歡慶精實創業運動成功的同時，大家還是要時刻警惕，絕不能讓成功在軸轉、最小可行產品等方法上出現偽科學的現象，因為這正是科學管理法經歷的宿命，我相信也是數十年後造成其初衷受挫的原因。科學過去代表了制式工作勝於創意工作、機械化勝於人性化、計畫勝於敏捷性，這些缺失都有賴於後來產生的大量管理運動來糾正。

許多在泰勒眼中看來是科學的事物，從現代的眼光看來不過是一些偏見。泰勒深信，貴族出身的人無論在才智或人格上都優於工人階級，男人也優於女人。他還認為地位較低的人應該受比他們優秀的人嚴格管束。這些觀念都是泰勒時代的一部分，也是包袱，但是世人似乎傾向於原諒他當時的無知。

當我們的時代透過未來的放大鏡被檢視時，會發現什麼偏見？在什麼力量的影響下，我們會出現不當的信仰？精實創業初步的成功是否造成我們對某些事情視而不見？

我想用這些問題作總結。我個人對於精實創業運動獲得了各方的讚譽與肯定感到十分欣慰，我更關心我們提出的處方是否正確。到目前為止，我們獲得的知識不過是冰山一角，我們希望能出現一個超級工作項目，將隱藏在看似平凡的現代勞動力中的潛力大量釋放出來。若我們真的能做到不再浪費人們的時間，大家會把這些省下來的時間拿來做什麼呢？我們想不出可能的答案。

一八八〇年代末期，泰勒為了找出最理想的切鋼方法，開始進行一項實驗計畫。在二十五年的研究過程中，泰勒和他的同事們進行了超過兩萬次的個別實驗。這項工作厲害之處在於它完全沒有學術做後盾，也沒有政府撥給研發經費，由於實驗提高了生產力，為整個產業帶來了利潤，這些利潤便被用來進行更多的實驗。這僅僅是一個用來發掘一項工作內藏的生產力的實驗。還有其他科學管理法的信徒經年致力研究砌磚技術、農業技術，甚至推鏟技術，他們非常執著於學習真相，不能滿足於工匠或自稱專家之人口中說出的民間智慧。

你能想像一個具備現代知識的企業主管，對員工使用的工作方式懷有相同程度的興趣嗎？又有多少現代創新工作是跟著缺乏科學根據的標語走的？

新研究計畫

還有什麼類似的研究計畫能夠幫助我們提高工作效率？有一件事，我們對它的瞭解仍十分有限，即在極度不確定的狀況下，什麼因素可以刺激生產力。很幸運地，採用週期時間工作制的情況愈來愈普遍，我們有很多機會可以測試新方法。因此，我建議可以在各地創立初創事業實驗中心，對所有形式的產品開發方法論進行測試。

我們要如何進行這些測試呢？我們可以組成跨功能團隊，從產品部與工程部的組合開始，讓這兩個部門嘗試用各種不同的產品開發方法論來解決問題。我們可以從解決已經有正確答案的問題開始，你可以從國際程式競爭問題資料庫中找樣本，這裡儲存的問題定義明確且有清楚的解決方案。這些競爭案例還提供了確切的基礎線，告訴你解決不同問題需要的時間，以便確定個別實驗主題解決問題的能力。

使用這個設定做區分，我們可以開始對不同的實驗狀況進行分類，比較困難的部分在於必須提高正確答案的不確定性，同時也必須客觀地測量結果的品質。也許我們應該使用真實世界的顧客問題，以真實消費者為對象測試團隊的工作成果。又或者我們甚至可以製作不同的最小可行產品來解決同一組問題，以測出哪一個產品的顧客轉換率最高。

我們還可選擇使用複雜程度不同的開發平台和銷售管道，設定不同的週期時間，來測試這些變數對於真正團隊生產力的影響。

最重要的是，我們須要制訂明確的方法，督促團隊對驗證後的學習心得負起應盡的責任。我在本書中已經提出了一個方法：以定義明確的財務模式與成長引擎為基礎的創新審核法。不過，要是你將這個方法當作是最佳的方法，那就太天真了。由於愈來愈多的企業都採用了這個方法，毫無疑問會有更多的技巧被提出來，屆時我們必須以最嚴格的標準來審視這些新構想。

所有這些問題帶出了大學研究機構與創業社群於公於私的合作可能。有人認為大學提供價值的方法，要比單純的金融投資者或初創事業育成者更多，這也是目前的趨勢。我的預測是，無論研究在何處進行，該處都會成為新創業方式的生產中心，若進行研究的是大學，其基礎研究活動的商業化程度將會大大提高。[4]

長期證券交易

除了簡單的研究工作之外，我相信我們的目標是為了改變整體創業生態系統。我們的初創產業幾乎發展成一個大媒體與投資銀行的供養者。成立多年的大企業之所以對投資創新事業態度反覆，是因為受到大眾市場追求短期利潤與成長目標的壓力。一般而言，這是我們用來評估管理人的審核法造成的結果，因為它使用的是第七章中提到的整體性「虛榮」指數。我們需要一個全新的證券交易市場，用來交易那些維持長期思維的企業的股票，因此，我提議成立一個長期性證券交易市場（Long-Term Stock Exchange）。

除了每季提出利潤報告外，在長期性證券交易市場上市的企業還必須以創新審核法對其內

4 事實上，有些類似的研究已經著手進行。更多關於精實創業研究計畫，請見內森．佛（Nathan Furr）於楊百翰大學的精實創業研究計畫http://nathanfurr.com/2010/09/15/the-lean-startup-research-project/及湯姆．艾森門在哈佛商學院的科技事業推動計畫http://platformsandnetworks.blogspot.com/2011/01/launching-tech-ventures-part-iv.html。

部創業工作提出評估報告，例如英圖伊特會針對數年內才發明的產品做出一份收益報告。而長期性證券交易市場企業高層主管的薪資也必須跟著公司的長期表現做調整；長期性證券交易市場必須收取高昂的交易佣金與規費，以減少當日交易與股價巨大震盪的現象。長期性證券交易市場企業有權對其企業管理架構做調整，提供管理人更大的自由去進行長期性的投資。除了支持長期性思維，長期性證券交易市場的透明度可以為如何在真實世界中培育創新能力提供珍貴的資訊。像長期性證券交易市場這類的構想，可以加速下一代擁有紮實基礎、持續創新的優秀企業的出現。

身為一股運動，精實創業必須避免教條與僵化的意識形態，我們也必須避免出現諷刺性漫畫裡對科學的嘲諷：科學不過是公式或沒有人性的工作。事業上，科學是人類最具創意的追求之一。我相信將科學應用在創業過程中，可以釋放出大量的人類潛力。

如果所有的員工都擁有精實創業企業超能力，這該會是一家怎樣的公司？

可以確定的是，每個人一定會堅持假設必須陳述清楚、嚴格測試，不能拿來當作緩兵之計或騙人的把戲，必須發自真心去發掘藏在每一項工作願景下的真相。

我們也不要將時間浪費在品質擁護者與輕率前進者之間無止境的爭辯上，相反地，我們應該認清，速度與品質在追求顧客長期利益的過程中是可以並存的；對於最初的願景，我們應該盡快測試它，而不是捨棄它；我們應該追求杜絕浪費，而不是建造高不可攀的品質標準，應該利用敏捷法來達成，並在現有的事業結果上做突破。

面對失敗與退步，我們必須用誠實與學習的心態來看待，而不應該相互控訴或指責，因為這麼做只會讓公司的發展速度變慢、每批工作量增加、陷在防範錯誤的詛咒裡難以自拔。相反地，如果我們能夠跳過沒有學習價值的額外工作，我們的速度就能加快。我們還應該致力於建立負有長期任務的新制度，為創造永恆價值、讓世界更美好而努力。

最重要的是，不再浪費他人的時間。

資源分享

加入精實創業運動

過去數年間，精實創業運動在全球掀起一陣風潮，為創業家提供的資源十分驚人。在這裡，我只能列出有限的活動、專書及部落格供大家參考或應用，其他的，就只能靠你自己，閱讀非常有用，起而行則更佳。

其實，最重要的資源都在各位身邊，那些只有在矽谷才能找到創業家分享想法、共患難的日子早已過去。不過，在初創事業生態系統裡接受薰陶，仍是創業非常重要的一部分，不同的是，這些生態系統已經在全球各地、愈來愈多的初創事業中心出現了。

《精實創業》一書的官方網站是http://theleanstartup.com，你可以在此找到其他的資源，包括個案研究及其他閱讀資料的連結。你也可以在那裡找到我的部落格「初創經驗談」(Startup Lessons Learned)的連結、我過去演講的影片、幻燈片及錄音等。

精實創業聚會

其實，你的住家附近可能就有一個精實創業聚會小組。在我寫這本書的時候，各地已經有超過一百個精實創業聚會小組，主要集中在美國舊金山、波士頓、紐約、芝加哥及洛杉磯等地，你可以在 http://lean-startup.meetup.com/ 查看小組所在地的即時地圖，也可以找到一個清單，上面會告訴你有興趣成立聚會小組的城市，以及成立一個小組須要使用的工具。

精實創業維基

不是每一個精實創業小組都是透過 Meetup.com 成立的。由志工架設的精實創業維基 http://leanstartup.pbworks.com/，上面提供許多活動與其他資源的資訊。

精實創業圈

事實上，最大的精實創業實踐社群在網路上，精實創業圈（the Lean Startup Circle）的郵寄名單。這個社群是由瑞奇·柯林斯（Rich Collins）成立的，他們有上千位創業家會員，每天在網路上互相分享創業秘訣、資源與故事。如果你想知道精實創業法能如何幫助你的事業或產業，這是一個開始的好地方：http://leanstartupcircle.com/。

初創經驗談研討會

過去兩年中，我舉辦了一個名為「初創經驗談」的研討會，查詢更多詳情：http://sllconf.com。

必讀資訊

史蒂夫．布蘭克（Steve Blank）所著的《頓悟的四個步驟》（*The Four Steps to the Epiphany*），是第一本正式探討客群開發的著作。當我在成立IMVU之時，這本書與我如影隨形，被我看到像狗啃似的，絕對是一本不可或缺的好書。你可以至http://ericri.es/FourSteps購買，或http://www.startuplessonslearned.com/2008/11/what-is-customer-development.html.看我寫的書評。史蒂夫也經營了一個很棒的部落格：http:/steveblank.com/。

布倫特．古柏（Brant Cooper）與派崔克．維拉斯科維茲（Patrick Vlaskovits）合著了一本很短但是很精彩的《創業家的客戶開發指南》（*The Entrepreneur's Guide to Customer Development*），對精實創業稍有提及。你可以透過http://custdev.com購買此書，或瀏覽我的書評：http://www.startuplessonslearned.com/2010/07/entrepreneurs-guide-to-customer.html。

在我開始撰寫有關創業的部落格文章時，部落客還不是一個很普遍的職業，而且鮮少有部落客經常在網路上發表有關創業的新概念，我們會在網路上進行辯論，並改進所提出的概念。

創投公司五百初創事業（500 Startups）創辦人大衛．麥克路爾（Dave McClure）有一個部落格

http://500hats.typepad.com/，其公司也有一個很棒的部落格http://blog.500startups.com/。大衛的簡報「私人公司初創指標」(Startup Metrics for Pirates)，為網路服務事業奠定了思維與評估的架構，並大大影響了成長引擎的概念，你可以在http://500hats.typepad.com/500blogs/2008/09/startup-metri-2.html看到原來的簡報內容，或http://www.startuplessonslearned.com/2008/09/three-drivers-of-growth-for-your.html讀到我當初的反應。

西恩・艾利斯(Sean Ellis)的「初創事業行銷部落格」(Startup Marketing Blog)，如何將行銷活動整合到初創事業內這方面，對我影響很大：http://startup-marketing.com/。

安德魯・陳(Andrew Chen)的部落格「未來遊戲」(Futuristic Play)，探討病毒式行銷、初創事業指標及設計的最佳資源之一：http://andrewchenblog.com/。

巴巴克・尼維(Babak Nivi)的部落格「創投駭客」(Venture Hacks)非常棒，它是精實創業的早期傳播者：http://venturehacks.com/。他後來成立了天使名單(Angel List)，為全世界初創事業尋找最合適的投資者：http://angel.co/。

其他優秀的精實創業部落格還包括：

一、亞許・莫瑞亞(Ash Maurya)是幫助陷入困境的網路企業應用精實創業理念的第一號人物。他的部落格「精實經營」(Running Lean)，並且著有同名電子書，你可以在此找到資訊：http://runningleanhq.com。

二、西恩．墨菲（Sean Murphy）關於初期階段軟體初創事業的部落格：http://skmurphy.com/blog/。

三、布倫特．古柏（Brant Cooper）的部落格「數字行銷」（Market by Numbers）：http://market-by-numbers.com/。

四、派崔克．維拉斯科維茲（Patrik Vlaskovits）討論科技、客群開發、定價的部落格：http://blog.kissmetrics.com/。

五、KISSmetrics行銷部落格http://blog.kissmetrics.com/，以及希汀．夏（Hiten Shah）http://hitenism.com。

更多資訊

http://ericri.es/ClaytonChristensen

克雷登．克里斯坦森（Clayton M. Christensen）所著的《創新者的困境》（*The Innovator's Dilemma*）與《創新者的解決之道》（*The Innovator's Solution*）是經典之作。此外，克里斯坦森後來的論著，包括《創新者的處方》（*The Innovator's Prescription*）與《破壞一族》（*Disrupting Class*），對於如何實際應用破壞性創新理論做了非常詳盡的說明。

http://ericri.es/DealingWithDarwin

創業家們對傑佛瑞・摩爾（Geoffrey A. Moore）的早期著作都十分熟悉，尤其是《跨越鴻溝》（*Crossing the Chasm*）與《龍捲風暴》（*Inside the Tornado*）兩本書。他不斷修正、改善其思維，我發現他最近的論述《市場達爾文法則》（*Dealing with Darwin: How Great Companies Innovate at Every Phase of Their Evolution*）非常實用。

http://ericri.es/pdflow

《產品開發流程法則》（*The Principles of Product Development Flow: Second Generation Lean Product Development*），唐納德・雷那森（Donald G. Reinertsen）著。

http://ericri.es/thetoyotaway

《豐田模式》（*The Toyota Way*），傑佛瑞・萊克（Jeffrey Liker）著。

http://ericri.es/LeanThinking

《精實思維：讓你的企業驅逐浪費、創造財富，修訂版》（*Lean Thinking: Banish Waste and Create Wealth in Your Corporation, Revised and Updated*），詹姆士・渥麥克（James P. Womack）、丹尼爾・瓊斯（Daniel T.

Jones）合著。

http://ericri.es/ThePeoplesTycoon

《人民大亨：亨利．福特與世紀美國》（*The People's Tycoon: Henry Ford and the American Century*），史蒂芬．華茲（Steven Watts）著。

http://ericri.es/OneBestWay

《最佳方式：腓德烈．溫斯洛．泰勒與效率之謎》（*The One Best Way: Frederick Winslow Taylor and the Enigma of Efficiency*），羅勃特．卡尼哥（Robert Kanigel）著。

http://ericri.es/ScientificManagement

《科學管理原理》（*The Principles of Scientific Management*），腓德烈．溫斯洛．泰勒（Frederick Winslow Taylor）著。

http://ericri.es/EmbraceChange

《解釋極限編程：擁抱改變》（*Extreme Programming Explained: Embrace Change*），肯特．貝克（Kent

Beck)，辛西亞・安德烈(Cynthia Andres)合著。

http://ericri.es/TaiichiOhno

《追求超脫規模的經營：大野耐一談豐田生產方式》(*Toyota Production System: Beyond Large-Scale*)，大野耐一(Taiichi Ohno)著。

http://ericri.es/CertainToWin

「開發─評估─學習」循環機制的概念主要來自機動作戰的概念，特別是約翰・波依德(John Boyd)提出的「觀察、定位、決定、行動」(Observe-Orient-Decide-Act，簡稱OODA)循環路線。介紹波依德概念的著作中，最容易找到的是查特・理察斯(Chet Richards)所著的《穩操勝券：約翰・波依德應用在企業經營中的策略》(*Certain to Win: The Strategy of John Boyd, Applied to Business*)。

http://ericri.es/OutOfTheCrisis

《轉危為安》(*Out of the Crisis*)，愛德華・戴明(W. Edwards Deming)著。

http://ericri.es/MyYears

《我在通用的歲月》(*My Years with General Motors*),艾佛瑞德·史隆(Alfred Sloan)著。

http://ericri.es/BillyAlfred

《比利、艾佛瑞德與通用汽車:兩位奇男子、一家傳奇公司與美國歷史光輝時刻的故事》(*Billy, Alfred, and General Motors: The Story of Two Unique Men, a Legendary Company, and a Remarkable Time in American History*),威廉·派佛瑞(William Pelfrey)著。

http://ericri.es/PracticeOfManagement

《管理實踐法》(*The Practice of Management*),彼得·卓克(Peter F. Drucker)著。

http://ericri.es/GettingToPlanB

《B計畫:突破是為了追求更好的商業模式》(*Getting to Plan B: Breaking Through to a Better Business Model*),約翰·穆林斯(John Mullins)、藍迪·科米薩(Randy Komisar)合著。

國家圖書館出版品預行編目資料

精實創業：用小實驗玩出大事業／艾瑞克・萊斯 著，
廖宜怡 譯.
——二版. ——台北市：行人文化實驗室，2017.10
360面；14.8 x 21 公分
譯自：The lean startup : how today's entrepreneurs use continuous innovation to create radically successful businesses
ISBN 978-986-95462-3-2
1. 創業　2. 消費者行為　3. 組織管理

494.1　　　106018627

《精實創業：用小實驗玩出大事業》
作者：艾瑞克・萊斯
翻譯：廖宜怡
總編輯：周易正
執行編輯：林芳如
封面設計：蔡佳豪
排版：宸遠彩藝
印刷：釉川印刷

定價：380元
ISBN：978-986-95462-3-2
2023年07月 二版五刷

出版者：行人文化實驗室（行人股份有限公司）
發行人：廖美立
地址：100台北市南昌路一段49號2樓
電話：（02）3765-2655
E-mail：editor@flaneur.tw
http://flaneur.tw

總經銷：大和書報圖書股份有限公司
電話：（02）8990-2588